Reproduktionsforschung beim Rind

10 Jahre Bayerisches Forschungszentrum für Fortpflanzungsbiologie BFZF GmbH

Herausgegeben von
Prof. DI.Dr.Dr.habil.Dr.h.c. Gottfried Brem

Unter Mitarbeit von
Staatsminister Josef Miller, Dr. Roland Aumüller, Dr. Hendrik Wenigerkind,
Dr. Miodrag Stojkovic, Dr. Valerie Zakhartchenko, Prof. Dr. Eckhard Wolf,
Dr. Katja Prelle, Marc Boelhauve, Dr. Horst-Dieter Reichenbach,
Prof. Dr. DDr.h.c. Horst Kräußlich

D1726768

Reproduktionsforschung beim Rind
10 Jahre Bayerisches Forschungszentrum für
Fortpflanzungsbiologie BFZF GmbH

Herausgegeben von
Prof. DI. Dr. Dr. habil. Dr. h.c. Gottfried Brem

Unter Mitarbeit von
Staatsminister Josef Miller, Dr. Roland Aumüller, Dr. Hendrik Wenigerkind, Dr. Miodrag Stojkovic,
Dr. Valerie Zakhartchenko, Prof. Dr. Eckhard Wolf, Dr. Katja Prelle, Marc Boelhauve,
Dr. Horst-Dieter Reichenbach, Prof. Dr. DDr. h.c. Horst Kräußlich

© 2001 Eugen Ulmer Verlag GmbH & Co.
Wollgrasweg 41, 70599 Stuttgart (Hohenheim)
Email: info@ulmer.de
Internet: www.ulmer.de
Printed in Germany

Herstellung:
AIC-DRUCK-EXPRESS
Auenstr. 2 · 86551 Aichach
Tel.: 0 82 51/5 18 04 · Fax: 0 82 51/5 18 05
Email: info@aicdruckexpress.de
Internet: aicdruckexpress.de ·

ISBN 3-8001-3815-8

Inhaltsverzeichnis

Vorwort

Quo vadis Biotechnologie: Klonen oder Gentransfer? Diese Frage wurde Mitte 1984 am Institut für Tierzucht und Genetik der LMU in München von Prof. Dr DDr.h.c. Horst Kräußlich aufgeworfen und im Kreise der Mitarbeiter intensiv diskutiert. Die Entscheidung fiel zugunsten des Gentransfers. Der Gentransfer war damals richtigerweise als die für die zukünftige Entwicklung der Tierzucht wichtigere Technik eingestuft worden. Trotzdem war die Einschlagung dieses Weges nicht so naheliegend wie man vermuten könnte, da aufgrund der Historie des Institutes und seiner internationalen Reputation auf dem Gebiet der Reproduktionstechniken (zur Übersicht siehe Brem 1991) die primären Voraussetzungen für das Klonen besser gewesen wären als für den Gentransfer. Der entscheidende zusätzliche positive Anstoß war die Gewinnung von Prof. Winnacker, dem damaligen Leiter des Münchner Genzentrums, als Kooperationspartner. Diese überaus fruchtbare Zusammenarbeit war maßgeblich dafür verantwortlich, daß wir bereits 1985, im gleichen Jahr wie eine Arbeitsgruppe aus den USA (Hammer et al. 1985), über die erfolgreiche Erstellung transgener Kaninchen und Schweine berichten konnten (Brem et al. 1985).

Etwa 5 Jahre später, nach der Neueinrichtung des Lehrstuhls für Molekulare Tierzucht und Genetik am Tierzuchtinstitut der LMU, wurde wegen der neuen Entwicklungen auf dem Gebiet des Klonens die Frage wieder aufgenommen, ob es nicht an der Zeit sei, sich auch dieser Biotechnik verstärkt zu widmen. Aus eigener Kraft und mit Mitteln der Universität allein konnte das nicht geleistet werden. So war es ein glücklicher Umstand, daß mit der Arbeitsgemeinschaft Deutscher Rinderzüchter e.V. ein gleichgesinnter Partner gefunden werden konnte. Ende 1989 stellte Dr. Klaus Meyn in dem Projektvorschlag "Praxisreife Entwicklung und kommerzielle Ausnutzung der *In-vitro*-Befruchtung von Eizellen und der Geschlechtsbestimmung und des Klonens von Embryonen" die Frage, ob die Bundesrepublik Deutschland die Ausnutzung dieser neuen Technologien dem westlichen Ausland überlassen und durch Import der Zuchtprodukte daran teilhaben oder ob in der Bundesrepublik selbst eine Fachkompetenz entwickelt und die neue Technik zum Nutzen der Rinderhalter in die Zuchtprogramme eingebaut werden soll.

Zur Mitgliederversammlung der ADR am Mittwoch den 25. April 1990 im "Jugendhaus am Weinberg" in St. Martin in der Pfalz war ich von Dr. Meyn, dem Geschäftsführer der ADR geladen, mit dem Vortrag "Klonierung von Rinderembryonen - technische Verfahren und Anwendungsmöglichkeiten" dazu beizutragen, das Projekt Klonierungslabor auf den Weg zu bringen.

Für den 22.Mai 1990 hatte die ADR dann die Herren Dohms, Häckel, Müller, Putz, Dr. Grothe, Dr. Aumüller, Dr. Frese, Dr. Hahn/Neustadt, Dr. Wallenburg (†1.1.2001) und Prof. Brem zur Mitarbeit an der Projektgruppe Klonierungslabor nach Bonn geladen, um den Entwurf eines Gesellschaftervertrages - DEUKLON (Deutsche Klonierungs- und Entwicklungsgesellschaft mbH) zu diskutieren. Geplant war die Gründung einer Kommanditgesellschaft, deren Zweck die

Entwicklung neuer Biotechniken in der Rinderzucht und deren Einführung in praktische Tierzuchtprogramme in der Bundesrepublik Deutschland, insbesondere durch die Etablierung und Nutzung der *In-vitro*-Produktion von Rinderembryonen und die Entwicklung der Klonierung von Rinderembryonen bis zur Praxisreife. Das Stammkapital sollte 5 Millionen DM betragen, der Gesellschaftervertrag ab 1.8.1990 gelten. Formulare über "Unverbindliche Absichtserklärungen" wurden an alle in Frage kommenden Organisationen ausgesandt. Die Kapitaleinlage von 1.-DM pro Erstbesamung und Herdbuchtier sollte verteilt auf 5 Jahre einbezahlt werden.

Erst nachträglich stellte sich heraus, daß die an dieser Sitzung teilnehmende und eifrig mitdiskutierende RPN auf Anraten von Prof. Hahn, Hannover am Vortag bereits beschlossen hatte, sich gar nicht an der Gründung von DEUKLON zu beteiligen! Die RPN war übrigens diejenige Organisation, die sich in St. Martin als erste in die Liste der an der Gründung eines Klonierungslabors Interessierten eingetragen hat. Kollege Dr. Meyn resignierte in Bezug auf DEUKLON am 30.11.1990 mit dem Ausspruch "Für mich ist die Sache tot".

Für die beabsichtigte Gründung der "Deutschen Gesellschaft für Kerntransfer" am 23. Juli 1990 lagen zu wenige Absichtserklärungen vor. Lediglich die folgenden 5 Organisationen hatten sich positiv geäussert: Herdbuch-Genossenschaft Emsland, Osnabrücker Herdbuchgesellschaft, Verband Schwarzbunte Schleswig-Holsteiner e.V., Zuchtverband für Fleckvieh in Niederbayern und die Niederbayerische Besamungsgenossenschaft.

Am 16.10.1990 fand im Flughafenrestaurant Nürnberg eine Besprechung zum Klonierungslabor statt. Teilnehmer waren Fürst zu Solms, Prof. Hahn/Hannover, Prof. Kalm, Dr. Aumüller, Dr. Hahn/Neustadt, Dr. Meyn und Prof. Brem. Die von Neustadt und Landshut favorisierte "süddeutsche Schiene" - wobei Bayern und Baden-Württemberg ein eigenständiges Projekt "Süd-Klon" aufbauen wollten - stiess naturgemäß nicht auf Zustimmung der ADR. Neustadt a.d.Aisch hatte aber - wegen der Vorgeschichte - einen Vorstandsbeschluß gefaßt, der sich gegen eine Beteiligung an einem gesamtdeutschen Klonierungslabor aussprach, jedoch die Möglichkeit für eine süddeutsche Lösung offen ließ. Der Besamunsgverein Neustadt-Aisch und die Niederbayerische Besamungsgenossenschaft Landshut-Pocking e.G. ermöglichten dann durch eine Zwischenfinanzierung von Wissenschaftler-Gehältern im Oktober 1990 erste Arbeiten. Wegen Ihres persönlichen Engagements, ohne das es wohl nicht zur Gründung gekommen wäre, müssen hier speziell die Speerspitzen der Idee, Herr Dr.Dr.h.c. Hahn und Herr Dr. Aumüller genannt werden.

Am 16.7.1991 wurde dann die Gründung der BayKG (Bayerische Klonierungsforschungs GmbH & Co KG) vollzogen. 19 bayerische Besamungs- und Zuchtorganisationen brachten als Gesellschafter das erforderliche Investitionskapital auf (siehe Beitrag Aumüller), um die Entwicklung und Etablierung der Züchtungstechnik Embryoklonierung zusammen mit den erforderlichen begleitenden biotechnischen Maßnahmen bis zur Praxisreife voranzutreiben.

Am 4.9.1991 fand in Oberschleißheim am Lehr- und Versuchsgut der Ludwig Maximilians Universität die 1. Sitzung des Aufsichtsrates statt. Die Aufsichtsräte Aumüller, Daubinger, Ehrsam, Kräußlich, Putz und Schels wählten per Akklamation Herrn Prof. Kräußlich als Vorsitzenden und Dr. Hahn als stellvertretenden Vorsitzenden. Kaufmännischer Geschäftsführer wurde der leitende kaufmännische Direktor von Neustadt Aisch, Wolfgang Breuer, und wissenschaftlicher Geschäftsführer und Leiter Prof. Dr. Gottfried Brem. 1994 ging die kaufmännische Geschäftsführung auf Dr. Aumüller und 1997 die wissenschaftliche Geschäftsführung auf Prof. Dr. Eckhard Wolf über. Prof. Brem wurde im gleichen Jahr zum Vorsitzenden des Aufsichtsrates gewählt, nachdem Prof. Kräußlich den Vorsitz des Aufsichtsrates niedergelegt hatte.

Die weitere Gesellschafts-Entwicklung der BayKG, die mit Gesellschafterbeschluß vom 28.7.1994 in BFZF (Bayerisches Forschungszentrum für Forpflanzungsbiologie) umfirmierte ist im Beitrag Aumüller zusammengestellt. An dieser Stelle sei noch darauf hingewiesen, daß der Aufsichtsrat nach der Umfirmierung auch einen langsamen Wandel der Aktivitäten einleitete, indem die Aktivitäten zur Klonierung zurückgefahren und ausgelagert und die Serviceangebote für die Gesellschafter im Bereich der *ex vivo* Punktion von Oozyten und der *in vitro* Produktion intensiviert wurden.

In den ersten Jahren der BayKG engagierte sich Frau Dr. Annette Clement-Sengewald in Fortführung ihrer Arbeiten am Institut für die Klonierung und Dr. Gustavo Palma oblagen von Anfang an alle Arbeiten im Bereich der *in-vitro*-Produktion von Embryonen und die Weiterentwicklung der einschlägigen Techniken im Servicebereich. Beide haben, zusammen mit Frau Dr. Uli Berg, welche die *in vitro*-Produktion etabliert hatte, entscheidend zu den frühen Erfolgen beigetragen. Das Jahr 1994 war für unsere Klonierungsprogramme dann insofern wichtig, als es mir damals gelang, während eines von der Russischen Landwirtschaftsakademie organisierten Besuches des Institutes in Gorki-Leninski einen russichen Klonierungsexperten zu gewinnen. Dr. Valerie Zakhartchenko kam zuerst als Stipendiat und dann als PostDoc ins Labor und hat von diesem Zeitpunkt an unsere Klonierungsprogramme maßgeblich mitgetragen, da er für mehrere Jahre fast alle Embryomanipulationen zum Klonen durchführte. Im Bereich der Reproduktionstechniken "am Tier" waren Dr. Hendrik Wenigerkind, Dr. Wolfgang Schernthaner, Dr. Josef Mödl (†27.5.2001) und Dr. Horst-Dieter Reichenbach die tragenden Säulen der Projekte. Das Zelllabor mit den Arbeiten zur Kultur und Transformationen der Zellen wurde von Frau Dr. Sigi Müller in überaus zuverlässiger Weise betreut und durchgeführt. Die wichtigen Arbeiten zur Vorbereitung von Spenderzellen, Oozyten und Embryonen oblagen Petra Stojkovic, Dr. Mischa Stojkovic und die innovativen Analysen zur mitochondrialen Heteroplasmie führte Dr. Ralf Steinborn durch. An dieser Stelle dürfen auch nicht die Betreuer der Empfängerrinder und geborenen Kälber, Sepp Brem in Lauterbach und Peter Rieblinger am MVG vergessen werden. Ohne deren großen und engagierten Einsatz und Geschick speziell bei den Geburten und der Betreuung der Kälber wäre vieles nicht erfolgreich gewesen.

Allen genannten und auch den hier ungenannten MitarbeiterInnen und HelferInnen während der ersten zehn Jahre gebührt für Ihr kreatives und zuverlässiges Engagement, Ihre Mithilfe und Unterstützung großer Dank. Erfolgreiche Anwendungen von Reproduktionstechniken und insbesondere die Durchführung von Klonprogrammen sind nur in Teamarbeit zu bewältigen. Die im vorliegenden Buch vorgestellten Techniken und ihre realisierten Anwendungen sind als Produkt angestrengter und zielstrebiger Arbeit ein Zeichen für geglückte Zusammenarbeit und glückhafte Ergebnisse.

Unrealisierte Programme sind schlimmer als ungedachte Projekte und ohne finanzielle Unterstützung bleiben selbst beste Ideen Makulatur. Nur die anhaltende Trägerschaft durch die Bayerischen Besamungsstationen und Zuchtverbände, die mit flankierender Hilfe durch die 1993 beigetretene Osnabrücker Herdbuchgesellschaft und seit 2001 auch des Schweizer Verbandes für Künstliche Besamung, die ökonomische Basis des Labors sicherten, erlaubte es, ergänzt durch die erheblichen mit Hilfe der durch die jeweiligen Geschäftsführer eingeworbenen Mittel von seiten der Bayerischen Forschungsstiftung, des Bayerischen Staatsministeriums für Ernährung, Landwirtschaft und Forsten sowie des Bundes im Rahmen des Bioregio-Programmes die mehrjährigen Forschungsprojekte konsequent zu verfolgen und zielgerichtet zu realisieren. Allen Geldgebern gilt deshalb unser herzlicher Dank für ihre bisherige Unterstützung unserer Einrichtung, verbunden mit der unausweichlichen Bitte, uns auch in Zukunft weiter zu unterstützen.

Die von allen ungeliebte aber nichtsdestotrotz unausweichlich notwendige Administration - speziell des Kassenwesens - wurde in all den Jahren zunächst von Mitarbeiterinnen aus Neustadt und dann aus Landshut sowie von Frau Rieger und Frau Kammerer vom Lehrstuhl und vom BFZF in großer Zuverlässigkeit und liebenswerter und charmanter Weise erledigt. Ihnen allen sei hier herzlich gedankt.

Ich möchte nicht versäumen, mich an dieser Stelle - anlässlich meines Rückzuges aus verantwortlicher Position des BFZF - auch persönlich ganz herzlich zu bedanken für all die gewährte Unterstützung und Hilfe, die mir in den letzten 10 Jahren zuteil geworden ist.

Mein besonderer Dank gilt hier meinem Mentor und unermüdlichem Förderer, Herrn Prof Dr.DDr.h.c.Horst Kräußlich. Sein Charisma und Verhandlungsgeschick haben es ermöglicht, unmöglich Scheinendes möglich zu machen. Ohne seine tatkräftige Hilfe und Unterstützung als Aufsichtsratsvorsitzender und später Mitglied des Aufsichtsrates wäre die Entwicklung des BayKG/BFZF in den letzten zehn Jahren nicht möglich gewesen.

Als Nestor der Deutschen Tierzucht vollendet Prof. Kräußlich am 2.8.2001 sein 75. Lebensjahr und es ist für uns eine besondere Ehre, daß er das vorliegende Buch mit einem eigenen Beitrag bereichert.

Dieses Buch ist Prof. Kräußlich gewidmet als Zeichen unserer Wertschätzung und Hochachtung.

München, den 19.7.2001

Prof.DI.Dr.Dr.habil.Dr.h.c.Gottfried Brem

Vorsitzender des Aufsichtsrates BFZF

Grußwort

Zum 10-jährigen Jubiläum des Bayerischen Forschungszentrums für Fortpflanzungsbiologie (BFZF) GmbH & Co. KG, Oberschleiß- heim, übermittle ich allen Verantwortlichen, Gesellschaftern, Mitarbeitern und Förderern meine herzlichsten Grüße und Wünsche. In einer Zeit, in die gehäuft 100-jährige Jubiläen von Zuchtverbänden bzw. 50-jährige Jubiläen von Besamungsstationen fallen, ist ein 10- jähriges Jubiläum auf den ersten Blick nicht so außergewöhnlich. Dennoch ist es aber für das BFZF ein besonderer Anlass, der nicht nur Berechtigung, sondern sogar Verpflichtung ist, in einer Veranstaltung wie dieser auf die vergleichsweise kurze Vergangenheit zurückzublicken und einen Ausblick in die Zukunft zu wagen.

Das Bayerische Forschungszentrum für Fortpflanzungsbiologie ist zwar mit 10 Jahren ein noch junges Unternehmen, ist aber mit seiner Ausrichtung auf die Entwicklung biotechnologischer Verfahren für den Praxiseinsatz in der Rinderzucht eines der ältesten, wenn nicht das älteste Unternehmen in Deutschland in dieser insgesamt noch sehr jungen Branche.

Die Bio- und Gentechnologie wird wohl in den nächsten Jahrzehnten eine Schlüsselrolle einnehmen, wie sie die Mikroelektronik als Schlüsseltechnologie in den vergangenen Jahrzehnten eingenommen hat. Bio- und gentechnologische Verfahren werden wesentlich dazu beitragen, die Herausforderungen der Zukunft meistern zu können. Vorrangige Ziele im Bereich der Landwirtschaft sind hierbei die Steigerung von Qualität und Produktivität durch verbesserte und schnellere Züchtungsmethoden. Insbesondere in der Tierzucht gibt es für die neuen Erkenntnisse vielfältige Anwendungs- möglichkeiten, die es ermöglichen, auch in Zukunft eine tiergerechte und umweltverträgliche Erzeugung von Nahrungsmitteln hoher Qualität zu angemessenen Preisen sicherzustellen. Die Tierhaltung spielt bei der Versorgung mit Nahrungsmitteln eine ganz wesentliche Rolle, denn weite Gebiete auf der Erde sind Grasland. Die hier wachsende Biomasse kann nur über das Tier in Nahrung für den Menschen umgewandelt werden.

Das klassische Anwendungsgebiet für die Biotechnologie in der Tierzucht sind die fortpflanzungsbiologischen Verfahren. Dazu zählen künstliche Besamung, Gewinnung und Übertragung von Embryonen sowie die vom BFZF bearbeiteten und wesentlich weiterentwickelten Verfahren der In-vitro-Produktion von Embryonen und der Klonierung. Auch die mit diesen Techniken verbundenen Methoden, z. B. die Geschlechtsbestimmung und verbesserte Tiefgefrier- konservierung von Sperma und Embryonen, gehören hierher.

Schon seit langem wird in der Tierzucht nach Methoden gesucht, die geeignet sind, den Zuchtfortschritt bei landwirtschaftlichen Nutztieren zu beschleunigen. Aus diesem Grunde versuchte der Mensch schon früh, auf die natürliche Fortpflanzung der Haustiere Einfluss zu nehmen. Vor rund 50 Jahren begann der breite Einsatz der künstlichen Besamung mit dem Effekt, dass sehr viel weniger Vatertiere als vorher nötig waren. Dadurch konnte sehr viel schärfer selektiert werden. Während mit der künstlichen Besamung die wertvollen Eigenschaften ausgewählter Vatertiere für die Zucht effizient genutzt werden, wird – seit über 20 Jahren auch praxisreif – über den Embryotransfer in ähnlicher Weise versucht, die Vermehrungsrate auf der weiblichen Seite zu erhöhen.

Die Rinderzucht muss in bäuerlicher Hand bleiben – das war das strategische Ziel von 17 bayerischen und 2 außerbayerischen Zucht- und Besamungsorganisationen, als sie 1991 die Bayerische Klonierungsforschungsgesellschaft (BayKG) gegründet haben. Wegen des erweiterten Tätigkeitsspektrums wurde sie 1997 in Bayerisches Forschungszentrum für Fortpflanzungsbiologie umbenannt. Dass die Tätigkeit des BFZF auch international anerkannt ist, beweist die Tatsache, dass vor kurzem der Schweizerische Verband für künstliche Besamung als neuer Gesellschafter eingetreten ist.

Das BFZF ist für mich ein positives Beispiel einer „Privatinitiative", die mit Erfolg in der Forschung und Entwicklung biotechnischer Methoden in der Rinderzucht tätig ist. Die Gesellschafter haben beträchtliche Eigenmittel aufgebracht und eingesetzt. Ich werte dies als mutige Entscheidung der Verantwortlichen, aber auch als unvermeidliche Investition in die Zukunft. Nur durch den Einsatz dieser Eigenmittel ist es Ihnen gelungen, die Entwicklung der züchtungsbiologischen Verfahren voranzubringen und dafür auch beträchtliche Zuschüsse aus öffentlichen Haushalten einzuwerben. Allein von meinem Haus wurden für verschiedene BFZF-Projekte bisher 2,0 Millionen DM beigesteuert, von der Bayerischen Forschungsstiftung waren es 4,5 Millionen DM.

Die Entwicklung neuer biotechnischer Verfahren und deren Umsetzung in die Praxis wird auch künftig entscheidend sein für die Wettbewerbsfähigkeit von Rinderzucht und Rinderhaltung. Ich danke allen Verantwortlichen im BFZF, dass Sie dafür neue Wege eröffnet haben und gegangen sind, beglückwünsche Sie zu den bisherigen Erfolgen und wünsche Ihnen auch für die Zukunft viel Erfolg zum Wohle Ihrer Gesellschafter und damit zum Wohle der Rinderzucht.

Josef Miller

Prof.Dr.agr. Dr.h.c.agr.Dr.h.c.med.vet. Horst Kräußlich

Laudatio

Kollege Horst Kräußlich, am 2.8.1926 in Fürth am Berg im Landkreis Coburg geboren, feiert die Vollendung seines 75. Lebensjahres. Dies entspricht auch seinem 50-jährigen Berufsjubiläum, 1951 trat er in den Dienst des Bayerischen Staates. Ein kurzes Zögern ist trotzdem verständlich, hat Kollege Kräußlich doch offiziell seit 10 Jahren den Status eines Emeritus inne. Aber wer das Glück hat, ihn zu kennen und seinen Weg begleiten zu dürfen, wird ohne Einschränkung der Einschätzung zustimmen, dass es sich bei diesen 50 Jahren unabhängig von irgendwelchen administrativen Daten ohne Zweifel um ein Berufungs-Jubiläum handelt; ich kenne niemanden, bei dem Beruf und Berufung als Tierzüchter Zeit seines Lebens sich in solcher Nähe und unmittelbarer Verknüpfung befanden und immer noch befinden.

Von Jugend auf Landwirt im heimatlichen Umfeld des großväterlichen Bauernhofes, nach Krieg und Gefangenschaft landwirtschaftliche Lehre mit abschliessender Gehilfenprüfung, Besuch der Landwirtschaftsschule in Coburg, Studium der Landwirtschaft an der Technischen Universität in Weihenstephan, und ebendort auch diplomierter und promovierter Landwirt waren Stationen seiner Ausbildung.

Als Referendar im Bayerischen Landwirtschaftlichen Staatsdienst und anschliessend im Bayerischen Tierzuchtdienst in den Jahren 1951 bis 1954 gelangte er, gerüstet mit den dazugehörigen Staatsexamina, als Tierzuchtassesor ans Tierzuchtamt Passau. Von dort wurde er von weiser Hand nach 5 Jahren 1959 ans Bayerische Staatsministerium für Ernährung, Landwirtschaft und Forsten geholt, in einer Zeit, in der speziell in Bayern Landwirtschaft und insbesondere auch Tierzucht noch Bedeutung und Format hatten, getragen von Repräsentanten wie dem hier zu würdigendem Jubilar!

Im Ministerium wirkte Kollege Kräußlich als Referent, zuerst für Schweinezucht (1962-1964) und dann auch für Rinderzucht (1964-1970), sowie als Geschäftsführer des Landesverbandes Bayerischer Schweinezüchter, Geschäftsführer des Schweinegesundheitsdienstes, als Geschäftsführer der Arbeitsgemeinschaft der Besamungsstationen in Bayern und als Geschäftsführer der Arbeitsgemeinschaft Höhenvieh. Er war in diesen Funktionen verantwortlich für die Umstellung des Zuchtzieles vom veredelten Landschwein auf die Landrasse, organisierte den Aufbau der Schweineprüfringe und die Bekämpfung der Rhinitis atrophicans und enzootischen Pneumonie in Bayern.

Ihm haben wir die Überleitung der bayerischen Rinderzucht ins Zeitalter der Nachkommenprüfung zu danken. Mit Zuchtwertschätzung auf Milchleistungsmerkmale bei optimierten Zeitgefährtinnen-Vergleichen, der Errichtung von Eigenleistungsprüfstationen, der Gruppierung von Herden in Stalldurchschnittsklassen usw. entwickelte und etablierte er das "Bayerische Besamungszucht-programm mit gezielter Paarung". Damals erst- und einmalig in Deutschland - bis heute in nahezu unveränderter Konzeption praktiziert - brachte es durch den damit verbundenen Zuchterfolg die bayerische Tierzucht national in die Spitzenposition! Auch international wurde ihm ob des für eine Zweinutzungsrasse unerwartet hohen genetischen Fortschrittes größte Anerkennung gezollt.

Im Jahr 1970 ergab sich ein erneuter Wandel im Berufsleben von Kollegen Kräußlich, indem er dem Ruf als Ordinarius für Tierzucht an der Tierärztlichen Fakultät der Ludwig-Maximilians-Universität folgte und die Funktionen als Vorstand des Institutes für Tierzucht und Leiter des Lehr- und Versuchsgutes Oberschleißheim übernahm. Schon während seiner Zeit am Ministerium war er an innovativen Entwicklungen immer sehr interessiert. Im universitären Umfeld bot sich nun die Gelegenheit, völlig neue Wege zu gehen.

Sein erstes Thema ergab sich für ihn geradezu zwingend aus einer der wichtigsten Schnittstellen von Veterinärmedizin und Landwirtschaft, der Gesunderhaltung und Fruchtbarkeitsleistung landwirtschaftlicher Nutztiere. Zucht auf Krankheitsresistenz basiert auf zwei grundlegenden Voraussetzungen, Kenntnissen über genetische Komponenten von Krankheits auslösenden Ursachen und Daten über die Häufigkeit des Auftretens in der Population und die Ausprägung bei betroffenen Individuen. In beiden Bereichen hat Kollege Kräußlich entscheidende Arbeiten durchgeführt und vorangetrieben. Er befaßte sich mit der Vererbung von Immunreaktionen und es gelang ihm, die Datensammlungen von Besamungsstationen mit denen des LKV und der Zuchtverbände zusammenzuführen und für eigene und zukünftige wissenschaftliche Auswertungen aufzubereiten.

Als einer der ersten Wissenschaftler in Deutschland begann er sich - bereits Mitte der 70er Jahre - Reproduktionstechniken bei Nutztieren und deren züchterischer Anwendung zuzuwenden. Die hier erreichten Fortschritte waren und sind Meilensteine der Biotechnologie landwirtschaftlicher Tiere in Deutschland und - in mehreren Fällen, wie beim Gentransfer - auch weltweit.

Hier nur eine kleine chronologische Aufstellung der Erfolge in den ersten zehn Jahren: Chirurgische Gewinnung und Transfer von Embryonen beim Rind (1976), unblutige ET-Verfahren beim Rind (1977), interkontinentaler Transfer tiefgefrorener Rinderembryonen (1978), Geburt von Kälbern aus Transfer aufgetauter Embryonen (1979), Anlage der ersten Embryobank einer gefährdeten Rinderrasse (1980), chirurgische ET-Verfahren beim Schwein (1981), mikochirurgische Teilung von Rinderembryonen zur Erstellung monozygoter Zwillinge (1982), Aggregation unblutig gewonnener Embryonen zur Chimärenerstellung (1983), Geburt von Rinderchimären (1984) und als Höhepunkt transgene Mäuse, Kaninchen und Schweine (1985). Die Reihe läßt sich fortsetzen über die *in-vitro-*Produktion von Rinderembryonen, unblutige und endoskopische ET-Verfahren bei verschiedenen Spezies und Klonen durch Kerntransfer.

Neben seinen wissenschaftlichen Aufgaben war Prof. Kräußlich auch in vielen Funktionen erfolgreich, als Vorsitzender der Arbeitsgemeinschaft der Besamungsstationen in Bayern, Vorsitzender der Abteilung Besamung in der Arbeitsgemeinschaft Deutscher Rinderzüchter, Dekan der Tierärztlichen Fakultät, Vorsitzender der Gesellschaft für Tierzuchtwissenschaft und Vizepräsident der Deutschen Gesellschaft für Züchtungskunde, Mitglied des Vorstandes und Vizepräsident der Europäischen Vereinigung für Tierzucht.

Sein wissenschaftliches Œuvre gereicht ihm in jeder Beziehung zur Ehre. Seine Originalpublikationen, Fachvorträge, Bücher und Buchbeiträge zeichnen ihn aus als scharf denkenden und glasklar analysierenden Wissenschaftler. Seine populärwissenschaftlichen Vorträge, Vorlesungen und Erläuterungen waren bei aller menschlichen Wärme immer präzis und zielgerichtet. Bei all seinem Engagement in der Wissenschaft hat er sich stets voller Zuneigung und Verständnis um die Menschen in seiner Umgebung gekümmert, die seiner bedurften.

In den Jahren seit seiner Emeritierung, entbunden vom Tagesgeschäft, hat Herr Prof. Kräußlich sich mit großem Weitblick neuen Feldern zugewandt. So war er maßgeblich bei der Gründung und Führung des Bayerischen Klonierungslabors und damit hauptverantwortlich dafür, daß dort in den neunziger Jahren wichtige Entwicklungen bei der Klonierung von Rindern durchgeführt werden konnten. Weiterhin befaßt er sich mit Möglichkeiten der Optimierung der Grundlagen tierischer Leistungen durch Genomveränderung und Fragen der Auswirkungen von Genexpression unter verschiedenen Bedingungen. Prof. Kräußlich ist ohne jeden Zweifel der Nestor der Tierzucht in den deutschsprachigen Ländern, ein kritischer Überdenker vorhandener Strukturen und ein visionärer Vordenker neuer Entwicklungen.

Für seine Verdienste wurde er vielfach ausgezeichnet und geehrt, am wichtigsten sind sicherlich die wohl verdienten Verleihungen der Ehrendoktorate durch die Landwirtschaftliche Universität Gödöllö/ Ungarn sowie durch die Veterinärmedizinische Fakultät der LMU in München.

Ich wünsche Herrn Kollegen Kräußlich als meinem hochgeschätzten akademischen Lehrer, dem wir unendlich viel zu danken haben, im eigenen Namen und im Namen aller seiner ehemaligen Mitarbeiterinnen und Mitarbeiter sowie Kolleginnen und Kollegen von ganzem Herzen, daß es ihm vergönnt sein möge, "ad multos annos" seinem ehemaligen Beruf, heute meist als Freizeit-beschäftigung bezeichnet, in seinem Fall richtigerweise als Berufung tituliert, nachzugehen: Die Analyse und Untersuchung genetischer Wirkungen und deren Auswirkung auf tierisches Leben auf der einen und der Notwendigkeit und verantwortungsvollen Inanspruchnahme durch den Menschen auf der anderen Seite.

Gottfried Brem

Gesellschafter, Gremien, Gesellschafterkapital und Drittmittelförderung des BFZ

Roland Aumüller

Die Gründung

Der Gründung des BFZF im Jahr 1991 waren zahlreiche Aktivitäten vorausgegangen. Die Entwicklungen am Ende der 80-er Jahre im Bereich der Klonierung von Rindern waren Anlass, dass eine fünfköpfige Projektgruppe sich in den USA vor Ort über den Stand und die weitere Entwicklung der Klonierung informierte und den Informationsaustausch mit den betroffenen Wissenschaftlern pflegte. Die Mitglieder dieser Projektgruppe waren die Professoren Dr. Joachim Hahn, Hannover und Dr. Ernst Kalm, Kiel sowie von den kommerziellen Organisationen Dr. Roland Aumüller, Landshut, Dr. Rudolf Hahn, Neustadt/Aisch und Dr. Jobst Wallenburg, Fa. Schaumann.

Nach Rückkehr in die BRD wurde zunächst versucht, gemeinsam mit der Arbeitsgemeinschaft Deutscher Rinderzüchter ein bundesdeutsches Klonierungsprojekt zu starten. Die Verhandlungen waren schwierig und konnten keiner Lösung zugeführt werden. Dies war Anlass für die bayerischen Besamungsstationen und Zuchtverbände die Bayerische Klonierungsforschungsgesellschaft (BayKG) zu gründen.

Nach ausführlichen juristischen und steuerrechtlichen Beratungen wurde die Rechtsform einer GmbH & CoKG gewählt. Die Gründungsmitglieder waren fast alle Rinderbesamungsstationen und Rinderzuchtverbände Bayerns.

Namentlich sind dies folgende Organisationen:

Besamungsverein Neustadt/Aisch e.V.

Gesellschaft zur Förderung der Fleckviehzucht in Niederbayern mbH

Prüf- und Besamungsstation München-Grub e.V.

Besamungsverein Nordschwaben, Höchstädt e.V.

Zweckverband II für künstliche Besamung, Greifenberg,

Besamungsgenossenschaft Marktredwitz-Wölsau e.G.

Rinderbesamungsgenossenschaft Memmingen e.G.

Rinderzuchtverband Mittelfranken, Ansbach e.V.

Oberfränkische Herdbuchgesellschaft, Bayreuth e.V.

Zuchtverband für Fleckvieh Obb.-Ost, Mühldorf e.V.

Zuchtverband für Fleckvieh Obb.-West, Pfaffenhofen e.V.

Rinderzuchtverband Oberpfalz, Schwandorf e.G.

Rinderzuchtverband Traunstein, e.V.

Zuchtverband für Fleckvieh Weilheim e.V.

Zuchtverband für das schwäbische Fleckvieh, Wertingen e.V.

Rinderzuchtverband Würzburg e.V.

Zuchtverband für Schwarzbunt und Rotbunt in Bayern, Pfaffenhofen e.V.

Verband Deutscher Jersey-Züchter, Münster e.V.

Die wirtschaftliche und steuerliche Beratung der BayKG übernahm von Anbeginn Herr Egon Huber von HT-Huber-Treuhand in Straubing.

Für die Finanzierung der Gesellschaft wurde ein Umlageschlüssel pro Erstbesamung für die Besamungsstationen und pro Herdbuchtier für die Zuchtverbände festgelegt. Für die GmbH war eine einmalige Stammeinlage zu erbringen. Für die KG wird die Kommanditeinlage jährlich um das einzuzahlende Kapital gemäss festgelegtem Umlageschlüssel durch die Gesellschafter erhöht.

Die Bayerische Forschungsstiftung (BFS) hat durch ihre finanzielle Projektförderung einen entscheidenden Beitrag zur Gründung der BayKG geleistet. Die Förderung des Projektes „Entwicklung und Nutzung der *Ex-vivo*-Gewinnung von Eizellen und der Klonierung von Embryonen als neue Techniken in der Rinderzucht" durch die BFS, war ein grundlegender Meilenstein für die wissenschaftliche, personelle und finanzielle Ausstattung der BayKG.

Die Gremien

Die Gremien der Gesellschaft sind von Anbeginn an der Aufsichtsrat mit dem Aufsichtsratsvorsitzenden, der wissenschaftliche und der kaufmännische Geschäftsführer sowie die Gesellschafterversammlung.

Zum ersten Aufsichtsratsvorsitzenden der BayKG wurde Prof. Dr.DDr.h.c. Horst Kräußlich gewählt. Die weiteren Aufsichtsräte waren Dr. Roland Aumüller, Hans Daubinger, Franz Ehrsam, Georg Schels, Dr. Kurt Fleischmann und Dr. Rudolf Hahn. Im Aufsichtsrat waren ferner je ein Vertreter des Staatsministeriums für Ernährung, Landwirtschaft und Forsten sowie ein Vertreter der BLT anwesend. Dies waren in den Gründungsjahren MR Maximilian Putz und Dr. Alfons Gottschalk von der BLT.

Zum wissenschaftlichen Geschäftsführer wurde Prof. Dr.Dr.h.c. Gottfried Brem und zum kaufmännischen Geschäftsführer Ltd. Direktor Wolfgang Breuer berufen. Nach der Erkrankung von Wolfgang Breuer wurde im Jahr 1994 Dr. Roland Aumüller zum kaufmännischen Geschäftsführer berufen. Der freigewordene Platz im Aufsichtsrat wurde von Hans Gilch eingenommen.

Die wissenschaftliche Geschäftsführung wechselte 1997. Auslöser war der Wechsel von Prof. Brem im Jahr 1993 von der LMU München an die Veterinärmedizinische Universität nach Wien. Zum Nachfolger wurde Prof. Dr. Eckhard Wolf, Inhaber des Lehrstuhls für Molekulare Tierzucht, bestellt. Prof. Brem wechselte in den Aufsichtsrat. 1997 schied Dr. Kurt Fleischmann aus dem Aufsichtsrat aus, nachdem er als Stationsleiter des Besamungsvereins Nordschwaben in den Ruhestand getreten war. Für ihn wurde Anton Demeter in den Aufsichtsrat gewählt.

Beim Vorsitz des Aufsichtsrates fand 1998 ein Wechsel statt. Prof. Brem wurde zum Nachfolger von Prof. Kräußlich gewählt, nachdem dieser erklärt hatte, diese Funktion aus Altersgründen nicht mehr länger ausüben zu wollen. Die Tätigkeit von Prof. Dr.Dr.h.c. Horst Kräußlich für die BayKG und das spätere BFZF sind grundlegend und essentiell. Ohne seinen persönlichen Einsatz und seine Erfahrung wäre das BFZF nicht die Forschungseinrichtung, welche sie heute darstellt.

Der Ruhestand von Ltd.Dir. Dr.Dr.h.c. Rudolf Hahn vom Besamungsverein Neustadt/Aisch war Anlass, dass er zum 31.12.1998 aus dem Aufsichtsrat ausschied. Die Arbeit von Dr. Rudolf Hahn, der sieben Jahre lang als stellvertretender Aufsichtsratsvorsitzender die Geschicke des BFZF wesentlich mitgeprägt hat, bedarf einer besonderen Würdigung und eines besonderen Dankes. Er hat durch seinen persönlichen Einsatz wesentlich zur Gründung und zum Erfolg des BFZF beigetragen. 1999 wurde Dr. Johannes Aumann als Nachfolger für Dr. Hahn in den Aufsichtsrat gewählt. Im Jahr 2000 wurden für die Aufsichtsräte Hans Daubinger und Anton Demeter als Nachfolger Karl Kress und Dr. Reinhold Lömker in den Aufsichtsrat gewählt.

Namensänderung und neue Gesellschafter

Die Verlagerung der Schwerpunkte bei der Forschung war Anlass, dass die Bayerische Klonierungsforschungsgesellschaft (BayKG) GmbH & Co.KG im Jahr 1994 in Bayerisches Forschungszentrum für Fortpflanzungsbiologie (BFZF) GmbH & CoKG umfirmierte.

Für die Gesellschafter des BFZF sind die 10 Jahre in vier Abschnitte bezüglich der finanziellen Beiträge zur Forschungseinrichtung unterteilt. Dies sind im Einzelnen die Jahre 1991 bis 1993, 1994 bis 1997, 1998 bis 2000 und 2001 bis 2004. Für die Besamungsstationen galt und gilt in allen vier Förderzeiträumen eine Umlage pro Erstbesamung, welche in den vier genannten Zeitabschnitten den aktuellen Entwicklungen bei den Erstbesamungszahlen angepasst wurden. Für die Rinderzucht-verbände galt bis einschliesslich 1997 eine Umlage pro Herdbuchtier und ab 1998 gilt eine pauschale Kommanditeinlage in Höhe von DM 1.000,-- per anno.

Als nichtbayerische Gesellschafter war von Anbeginn der Verband Deutscher Jersey-Züchter Gesellschafter der BayKG bzw. des BFZF. 1993 trat die Osnabrücker Herdbuchgesellschaft der BayKG bei. Zum 01. Januar 2001 wurde der Schweizer Verband für künstliche Besamung weiterer Gesellschafter des BFZF. Für alle beitretenden Gesellschafter gelten die gleichen Rechte und Pflichten bezüglich der jährlichen Kommanditeinlage.

Forschungsförderung durch Ministerien und Stiftungen.

Bis zum 31.12.2000 wurden Forschungsmittel von Drittmittelgebern für folgende Projekte und in folgender Höhe eingeworben:

- Bayerische Forschungsstiftung 4,5 Mio. DM für das Projekt „Entwicklung und Nutzung der *ex-vivo*-Gewinnung von Eizellen und der Klonierung von Embryonen als neue Techniken in der Rinderzucht".

- Bayerisches Staatsministerium für Ernährung, Landwirtschaft und Forsten 1,725 Mio. DM verteilt auf die folgenden drei Projekte:

  1. „Entwicklung und Etablierung der Züchtungstechnik Embryoklonierung" für den Zeitraum 1991 bis 1995 in Höhe von DM 360.000,--.

  2. „Optimierung der Prüfung auf Mast- und Schlachtleistungswerte beim Rind durch Nutzung biotechnischer Methoden" für den Zeitraum 1994 bis 1997 in Höhe von 1 Mio. DM.

  3. „Verbesserung der embryomaternalen Kommunikation zur Vermeidung des embryonalen Fruchttodes beim Rind" für die Jahre 1999 bis 2000 in Höhe von 365.000,-- DM. Dieses Projekt ist noch nicht abgeschlossen und wird im Jahr 2001 vom Bayerischen Staat weiter gefördert.

- Bundesministerium für Bildung und Forschung Fördermittel für das Projekt „Entwicklung eines sicheren und effizienten Verfahrens zur Spermientrennung in X- und Y-chromosom-tragende Fraktionen". Die Förderung begann im Jahr 2000 und endet im Jahr 2004.

Für die 10 Geschäftsjahre des BFZF ergeben sich 3,2 Mio. Eigenmittel der Gesellschafter gegenüber 6,3 Mio. Fördermittel von den vorgenannten Drittmittelgebern. Auf einen einfachen Nenner gebracht kann festgestellt werden, dass je 1.000,-- DM Gesellschafterkapital DM 2.000,-- von Drittmittelgebern zur Forschungsförderung eingeworben und bereitgestellt wurden. Diese Quote von 1:2 ist der aktiven Tätigkeit der Geschäftsführer und der Aufsichtsräte zuzuschreiben, sowie der Bereitschaft der fördernden Institutionen in die Biotechnologie-Forschung beim Rind zu investieren. Ideal ist die Kombination des Lehrstuhls für Molekulare Tierzucht und Biotechnologie der Veterinärmedizinischen Fakultät der Ludwig-Maximilians-Universität am Genzentrum in München als wissenschaftliche Basis für die BayKG bzw. das BFZF und die Etablierung der Forschungslabors am Moor- und Versuchsgut, Badersfeld bei Oberschleißheim. Investitionen in Laboreinrichtungen und notwendige Umbaumaßnahmen haben diese Forschungsstätte zu einer wichtigen Keimzelle für die Biotechnologie-Forschung beim Rind in Bayern gemacht. Insbesondere die Investitionen in junge Wissenschaftler und Doktoranden, welche unter der wissenschaftlichen Leitung des Lehrstuhlinhabers für Molekulare Tierzucht die Forschungsprojekte bearbeiteten, haben sich als gut und zukunftsträchtig erwiesen.

Klonen beim Rind

Gottfried Brem

Einleitung

Ein Klon ist eine ungeschlechtlich aus einem Mutterorganismus entstandene erbgleiche Nachkommenschaft. Bei Pflanzen sind Klone durchaus verbreitete Phänomene, man denke nur an Kartoffeln, die in aller Regel Klonpopulationen sind. Im zoologischen Bereich finden sich natürlicherweise Klone, als genetisch identische Individuen wie z.B. monozygote Zwillinge, Drillinge etc.. Klone entstehen bei vielzelligen Organismen durch vegetative Vermehrung, also durch Knospung, Sprossung oder durch Regeneration aus Teilstücken und können durch mikrochirurgische Teilung von frühen Embryonalstadien und anschliessenden Transfer erzeugt werden (siehe Brem, 1986).

Weil die fortgesetzte Teilung von Embryonen aus biologischen Gründen nicht funktioniert, muss zur artifiziellen Erstellung einer grösseren Anzahl genetisch identischer Tiere ein technisch völlig anderer Ansatz gewählt werden, der Kerntransfer. Bei diesem Verfahren, das schon in den dreissiger Jahren von Spemann vorgeschlagen worden war, werden Kerne von Zellen in das Zytoplasma von entkernten Empfängerzellen übertragen. 1952 haben Briggs und King berichtet, dass sich nach Transfer von Zellkernen aus Embryonalzellen in Froscheier Kaulquappen entwickelten. Aus einzelnen somatischen Froschzellen entstanden durch Klonen Nachkommen (Gurdon 1962). Klonversuche mit Körperzellen von adulten Krallenfröschen (Haut-, Blutzellen) führten bis zum Kaulquappenstadium.

Klonen durch Kerntransfer

Bei Säugetieren subsummiert man unter "Klonen" in der Reproduktion die Erstellung von Embryonen mit identischem chromosomalen Genotyp. Klonen durch Kerntransfer ist die Übertragung von Kernen bzw. kernhaltigen Zellen verschiedenen Ursprungs in enukleierte Eizellen zur Erstellung einer grösseren Anzahl von Embryonen und Individuen mit identischem chromosomalem Genotyp, die theoretisch nahezu unbegrenzt oft durchgeführt werden kann. Die entstehenden Tiere unterscheiden sich hinsichtlich ihres mitochondrialen Genotyps (Steinborn et al. 1998 a,b,c; Hiendleder et al. 1999) und weisen auch eine mitochondriale Heteroplasmie auf, ausser wenn beim Klonen Zellen und Zytoplasma aus herkunftsgleichen Mutterlinien verwendet werden.

Erstmals berichteten Illmensee und Hoppe (1981) über Kerntransfer von Kernen aus präimplantativen Embryonen in befruchtete und enukleierte Mäuseeizellen. Diese Experimente konnten nicht erfolgreich wiederholt werden. McGrath und Solter (1983) haben mittels einer neu entwickelten Technik gezeigt, dass zwar der Austausch von Vorkernen zwischen Embryonen zur Weiterentwicklung führt, aber rekonstituierte Embryonen mit "älteren" Kernen, die mit dem gleichen

Verfahren transferiert worden waren, sich nicht weiterentwickelten (McGrath und Solter 1984). Das Dogma der Unmöglichkeit des Klonens mit differenzierten Zellen bei Säugern wurde dadurch bestärkt.

Klonen bei landwirtschaftlichen Nutztieren

Die ersten Klontiere durch Kerntransfer entstanden, wie bereits beschrieben, aus Kerntransfer mit Zellen von Präimplantationsembryonen. Aus Übertragung von Zellkernen mehrzelliger Schaf-Embryonen in Oozyten und anschliessende Teilung dieser Eizellen in zwei Teile, von denen einer den Kern enthielt, entstanden genetisch identische Embryonen und Lämmer (Willadsen, 1986). Einen Überblick zu den Effizienzen einzelner Manipulationsschritte und den Ergebnissen des Klonens von Embryonen bei Nutztieren gibt Tab. 1 (nach Clement-Sengewald und Brem, 1992).

Tab. 1. Effizienzen einzelner Manipulationsschritte, Embryoüberlebensraten und Klongrößen (Anzahl lebender Tiere) bei Klonierungsversuchen von Embryonen landwirtschaftlicher Nutztiere (nach Clement-Sengewald und Brem, 1992).

Tierart	Kaninchen	Schwein	Schaf	Rind
Enukleationsrate (%)	100	74	75	k.A.
Fusionsrate (%)	92	82	90	71
Embryonen transferiert (n)	207	88	4	436
Tiere geboren (n)	8	1	3	102
Embryoüberlebensrate (%)	4	1	75	23
maximale Klongröße (n Tiere)	6	1	2	7
Stadium des Kernspenders	32-Zeller	4-Zeller	8-Zeller	16-64-Zeller
Quelle	Heymann et al. 1990	Prather et al. 1989	Willadsen 1986	Bondioli et al. 1990

Die ersten Kerntransferexperimente beim Rind stammen aus dem Jahr 1987 (Prather et al. 1987, Robl et al. 1987). Später wurde auch über die Produktion von Kälbern aus dem Transfer von Kernen aus Inner Cell Mass Zellen berichtet (Sims und First, 1993). Bei diesen Experimenten wurde mit *ex-vivo*-gewonnenen Rinderembryonen als Kernspender und mit *in-vivo*-Zwischenkultur in Schafeileitern gearbeitet. Erst in den folgenden Jahren konnte gezeigt werden, dass das Embryonalklonen beim Rind auch rein *in vitro*, also unter Verwendung *in-vitro*-produzierter Embryonen und *in-vitro*-gereifter Eizellen, erfolgreich durchgeführt werden kann (Clement-Sengewald et al. 1990, 1992).

In einem grossangelegten Experiment zum Klonen mit *ex-vivo*-gereiften Eizellen und *ex-vivo*-gespülten Spenderembryonen erzielte Granada Genetics beim Transfer von 463 geklonten Embryonen eine Graviditätsrate von 22 % und eine Kalberate von 20%. Bei tiefgefrorenen/ aufgetauten Spenderembryonen lag die Graviditätsrate bei 16 % (Bondioli et al. 1990). Willadsen berichtete bei 302 Empfängertieren über eine Graviditätsrate am Tag 35 von 42 % und am Tag 90 von 38 %. Damit lag bei diesen Embryoklonprogrammen die Erfolgsrate deutlich unter den bei konventionellem Transfer erreichbaren Prozentsätzen. Die Abkalberate betrug 33 %, wobei auffiel, dass häufig Geburtshilfe erforderlich war und Schwergeburten wegen des hohen Geburtsgewichts einzelner Kälber zu verzeichnen waren (Willadsen et al. 1991).

Auch Kälber aus verschiedenen Reklonierungszyklen wurden geboren, wobei jedoch nach der 4. Reklonierung keine Geburten mehr erreicht werden konnten. Der bislang grösste Klon, der auf diesem Weg generiert werden konnte, bestand dem Vernehmen nach aus 11 Kälbern.

Bei den ersten Kerntransferexperimenten mit Rinderembryonen wurden als Ausgangsmaterial vorwiegend in vivo gereifte, chirurgisch oder nach Schlachtung der Tiere gewonnene Eizellen und Embryonen aus *ex vivo* Spülung verwendet. Die Qualität dieser Eizellen und Embryonen schien den *in vitro* produzierten überlegen zu sein und zu höheren Erfolgsraten beim Klonen zu führen.

Klonen mit embryonalen Zellen

Wegen der besseren Praktikabilität und dem höheren Durchsatz wurde bei der BayKG von Anfang an auf die Verwendung von *in vitro* gereiften Eizellen und auch *in vitro* produzierten Embryonen gesetzt. Voraussetzung dafür war, daß am Institut bereits in den achtziger Jahren ein sehr gut funktionierendes *in vitro* Programm für Rinderembryonen auf der Basis von Schlachthofmaterial entwickelt worden war (Berg und Brem 1989), das auch mit hoher Effizienz zu Kälbern führte (Reichenbach et al 1992). In eigenen Vorarbeiten (Clement-Sengewald, Berg und Brem 1990) hatten wir zeigen können, daß sich geklonte Rinderembryonen aus *in vitro* gereiften Eizellen und *in vitro* produzierten Embryonen unter *in vitro* Bedingungen bis zum Morula/Blastozystenstadium entwickeln konnten.

Bei den Arbeiten zum Klonen von Rinderembryonen wurden am Schlachthof von geschlachteten Rindern und Kühen Ovarien entnommen und in Thermosgefäßen ins Labor transportiert. Nach Punktion der Cumulus-Oozyten-Komplexe und deren Klassifikation wurden sie im modifiziertem Medium 199 (MPM) mit dem Zusatz von 20% OCS (Serum von Kühen im Östrus) und FSH (Follikel stimulierendes Hormon) in 5%iger CO_2 Atmosphäre bei 39° für 24 Stunden gereift. Nach der Reifung wurden die expandierten Cumuluszellen durch mehrmaliges schnelles Pipettieren der Eizellen entfernt. Die Zwischenlagerung der Eizellen bis zur Manipulation erfolgte im MPM-Medium ohne FSH aber mit Zusatz von Gentamicin (1mg/ml).

Als Quelle für Blastomeren bzw. Kerne für den Transfer wurden 5 bis 6 Tage alte *in vitro* produzierte Embryonen verwendet (Berg und Brem, 1989). Embryonen und gereifte Oozyten im Metaphase II-Stadium der 2. Reifeteilung wurden in modifiziertem Hepes-gepuffertem Tyrodes-Lactat Medium mit dem Zusatz von 5,0 mg/ml Cytochalasin B für 10 Minuten behandelt. Oozyten und Embryonen wurden in die Manipulationskammer übersetzt. Jeweils eine Ooyzte wurde durch Unterdruck an einer Haltepipette fixiert. Durch Absaugen mit einer angeschliffenen spitzen Enukleationspipette wurde der Polkörper der Oozyte und das unmittelbar benachbarte Zytoplasma mit der oozyteneigenen Kern-DNA entfernt, so daß ein Zytoplast entstand. Bei geschicktem Vorgehen gelingt dies in über 90% der Fälle, obwohl die Eizell-DNA nicht sichtbar ist und nur wegen ihrer Lokalisation in der Nähe des Polkörperchens gefunden werden kann. Die Zellmembran der Oozyte blieb bei diesem Enukleationsvorgang intakt und geschlossen.

Beim Embryoklonen kann zur Gewinnung von Blastomeren der Embryo (frühe Embryonalstadien bis hin zur Blastozyste) entweder nach dem Entfernen der Zona pellucida disaggregiert werden, so dass die Zellen einzeln aufgenommen werden können, oder die Zellen werden mit Hilfe einer Transferpipette einzeln aus dem Embryo abgesaugt. In unseren Projekten wurde mit einer Transferpipette aus dem *in vitro* produzierten Embryo eine Blastomere herausgesaugt und anschließend in den perivittelinen Spalt der enukleierten Ooyzte abgesetzt (Abb. 1). Die so erstellten Oozyten-Blastomeren-Komplexe wurden mindestens eine halbe Stunde in TL Hepes kultiviert.

Zur Integration des Zellkerns der transferierten Zelle in das Zellplasma der Eizelle müssen die trennenden Zellmembranen in der Kontaktfläche von Karyoplast und Zytoplast aufgelöst werden. Am gebräuchlichsten ist dafür die sog. Elektrofusion, bei der durch kurzzeitige Gleichstrompulse Poren induziert werden, die ein Zusammenfliessen des Zytoplasmas ermöglichen. Dazu wurden die Oozyten-Blastomeren-Komplexe 10 Minuten in Zimmermanns Cell Fusion Medium (+100mmol $CaCl_2$ und $MgCl_2$) in die Elektrofusions-kammer gesetzt und für die Fusion in die richtige Position gebracht (Kontaktfläche der Zellen parallel zu den Fusionsdrähten). Die Fusion wurde mit 1 bis 3 Fusionspulsen im Abstand von 2 ms, der Dauer von 10 bis 30 ms und der Spannung von 0,8 bis 1,3 kV/cm ausgelöst. Anschliessend wurden die Fusions-Komplexe in MPM oder in TL Hepes für eine Stunde kultiviert. Nach dieser Zwischenkultur wurden die fusionierten Komplexe selektiert und weiter kultiviert.

Für die in unseren Programmen ausschließlich angewandte *in vitro* Kultur wurden verschiedene Kultursysteme verwendet, bei denen entweder Eileiterepithelzellen oder Granulosazellen zur Cokultur eingesetzt wurden. Eileiterzellen wurden gewonnen, indem Eileiter von geschlachteten Rindern mit PBS durchgespült wurden, die so erhaltenen Zellen gewaschen und in MPM für 1 bis 2 Tage kultiviert wurden. Die nach der Reifung von den Ooyzten abgestreiften Cumuluszellen wurden in Zellkulturschalen ausgesät, in MPM kultiviert und nach wenigen Tagen zur Cokultur verwendet. Die Kultur erfolgte unter 5% CO_2, 5% O_2, 90% N_2, 95% Luftfeuchtigkeit und 39°C. Die auf den Zellrasen kultivierten Fusionsembryonen wurden alle 24 Stunden hinsichtlich ihrer Entwicklung beurteilt.

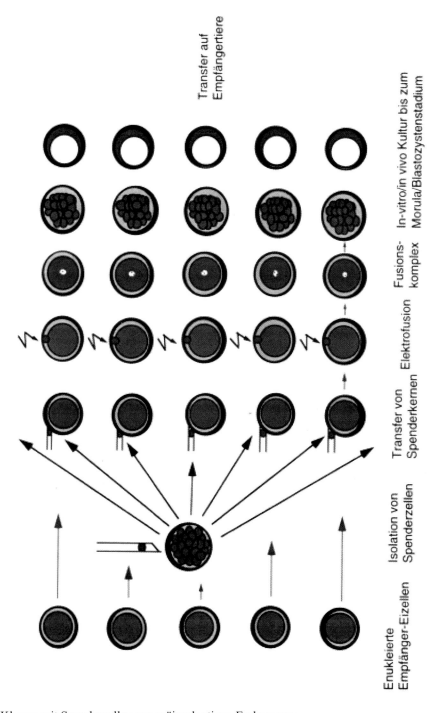

Abb. 1. Klonen mit Spenderzellen aus präimplantiven Embryonen.

Die Fusionsrate von Komplexen, die aus *in vitro* produzierten Embryonen entstanden waren unterschied sich nicht signifikant von denen aus Kernen von *ex vivo* gewonnenen Embryonen (74% bzw. 76%). Die Cokultivierung mit Eileiterzellen resultierte bei Fusionskomplexen mit Kernen aus *in vitro* produzierten Embryonen in signifikant besseren Aktivierungsraten (47%). Die Entwicklungsrate bis zum Morula/Blastozystenstadium unterschied sich nicht signifikant. Im Jahr 1992 wurden bei der BayKG insgesamt 69 geklonte Embryonen auf 31 Empfängertiere übertragen. Nach 6 Wochen waren 7 Tiere gravid und am 9. und 10. April 1993 wurde ein Klon aus 3 Stierkälbern geboren (Abb. 2). Geburtsverlauf, Geburtsgewichte und Entwicklung dieser Kälber waren völlig normal. Im Jahr 1993 wurde in den Klonprogrammen eine Fusionsrate von 90%, eine Teilungsrate von 62% und eine Entwicklungsrate bis zum Morula/ Blastozystenstdium von 15% bei einem Anteil von 53% Blastozysten erreicht.

Abb. 2. Klon mit 3 Stierkälbern (*9./10. Apri 1993) aus Klonierung einer Morula.

Weitere Klonexperimente wurden in enger Zusammenarbeit mit Herrn Dr. Reichenbach von der Bayerischen Landesanstalt für Tierzucht in Grub im Rahmen des vom Bayerischen Staatsministeriums für Landwirtschaft und Forsten geförderten Projektes "Optimierung der Prüfung auf Mastleistung und Schlachtwert beim Rind durch Nutzung biotechnischer Methoden" durchgeführt. Dabei wurden Embryonen von Spendern, die wiederholten Superovulations-behandlungen und Spülungen unterzogen wurden, als Ausgangszellen zum Klonen verwendet. 1996/97 resultierten aus dem Transfer von 47 geklonten Embryonen in 23 Empfängertiere 11 Graviditäten (48%).

Nach dem Transfer von 7 geklonten Embryonen in zwei Empfängertiere am 16.5.1996 entwickelten sich zwei Graviditäten und 5 männlichen Klon-Kälber wurden geboren (Abb. 3). Bei diesen Embryonen war die Zona pellucida von Herrn Dr. Reichenbach geschlitzt worden, wodurch der Schlupfvorgang der Blastozysten offensichtlich effizienter möglich war. Ohne diesen zusätzlichen kleinen Eingriff lag die Graviditätsrate nur bei knapp 10%. Der Embryo, aus dem die Blastomeren für die Klonierung entnommen worden waren, stammte von der Kuh Elvira, die bereits zehnmal superovuliert worden war.

Abb. 3. Klon mit 5 Stierkälbern aus Embryo-Klonen nach Mehrfachsupervulation.

In einer anderen Versuchsreihe wurde untersucht, welches das optimale Stadium des Spenderembryos zum Klonen ist. Deshalb wurden *ex vivo* und *in vitro* produzierte Embryonen im Morulastadium, im Stadium der beginnenden Kavitation (Blastozoelbildung) und im Blastozystenstadium als Blastomerenquelle zum Klonen eingesetzt und die Zahl der pro Ausgangsembryo erzielbaren Klonembryonen festgestellt. Bei *ex vivo* gewonnenen Embryonen konnten 16, 10 und 6 Embryonen pro Kavitationsembryo, Morula und Blastozyste erreicht werden. Die entsprechenden Zahlen bei *in vitro* produzierten Ausgangsembryonen lagen bei 12, 9 und 3 (Zakhartchenko et al. 1996).

Um zytoplasmatische Interaktionen von Karyoplasten und Zytoplaten zu untersuchen, wurden experimentell Karyoplast-Zytoplast-Komplexe mit verschiedenen zytoplasmatischen Volumenanteilen erstellt (Zakhartchenko et al. 1997). Dabei zeigte sich, daß die Entfernung einer Zytoplasmamenge aus der Oozyte, die der Menge des Zytoplasma des Karyoplasten entspricht, zu den besten Klonresultaten führt, unabhängig vom Stadium des Embryos, aus dem die Blastomeren stammen.

Klonen mit somatischen Zellen

Für einen erfolgreichen Kerntransfer soll die Eizelle das Metaphasestadium der 2. Reifeteilung (Metaphase II) vollendet haben. Zu diesem Zeitpunkt liegt in den Eizellen eine hohe MPF (M-Phase-Förderfaktor) Aktivität vor. Das aktive MPF-Dimer aus katalytischer Komponente $p34^{cdc2}$ und regulatorischer Untereinheit Cyclin B wird durch CSF (Cytostatischer Faktor) stabilisiert. CSF wird normalerweise durch die Befruchtung inaktiviert, was zur Dissoziierung des MPF-Dimers führt. Die elektrischen Pulse der Elektrofusion führen zur Aktivierung der Eizelle und damit u.a. zur Destabilisierung des CSF.

Entscheidend für den Erfolg des Kerntransfers ist das Zellzyklusstadium des übertragenen Kerns und des Zytoplasten. In einem Zytoplasten mit hoher MPF-Aktivität kommt es zur Auflösung der Kernmembran (nuclear envelope breakdown) und zur Kondensation des Chromatins (premature chromatin condensation). Wird die Eizelle aktiviert, resultiert daraus die Dekondensation des Chromatins und die Bildung einer Kernmembran. Befindet sich der übertragene Kern in der G0 oder G1-Phase, entstehen nach Replikation der chromosomalen DNA zwei diploide Tochterzellen. Bei embryonalen Zellen, die sich wegen der starken Proliferation zu einem hohen Anteil in der S-Phase des Teilungszyklus befinden, führt die hohe MPF-Aktivität wegen der daraus resultierenden Kondensation des Chromatins zu massiven Schädigungen. Eine Weiterentwicklung ist nicht möglich. Um dies zu vermeiden, wird für embryonale Zellen die Aktivierung der Eizelle bereits mehr als 20 Stunden vor der Kernübertragung eingeleitet, weil dann die MPF-Aktivität schon weit genug gesunken ist.

Damit es zu einer Entwicklung der rekonstituierten Zellen (Fusionskomplexe) kommen kann, muss die übertragene Kern-DNA durch Reprogrammierung in einen Zustand versetzt werden, der es ihr ermöglicht, das Teilungsschema des Embryos wieder beim Stadium der Zygote zu starten. Ein wichtiger Unterschied der DNA in frühembryonalen und differenzierten Zellen besteht in der Transkriptionsaktivität. Die DNA im frühen Embryo wird nicht transkribiert, die ersten Teilungen werden von RNA- und Protein-Molekülen gesteuert, die aus der Eizelle stammen und damit als Starthilfe quasi noch vom mütterlichen Organismus bereitgestellt werden. Erst nach tierartlich unterschiedlich vielen Teilungen wird auch das embryonale Genom aktiviert und damit spezifisch transkribiert.

Bei Kernen, die sich im Expressionsstadium befinden, wird durch Kondensation des Chromatins, wie sie in noch nicht aktivierten Zytoplasten durch die MPF-Aktivität erfolgt, die Transkription gestoppt, vorhandene mRNA wird degradiert und Translationsvorgänge werden herunterreguliert. Befinden sich die transferierten Zellkerne bereits vor der Übertragung in einem transkriptionsarmen Zustand, wie dies bei ruhenden Zellen der Fall ist, erleichtert dies die Reprogrammierung. Deshalb sind "gehungerte" Zellen, die sozusagen auf Notprogramm laufen und deshalb Teilungs- und Transkriptionsaktivität stark nach unten reguliert haben, für den Kerntransfer besonders geeignet.

Nach der erfolgten Fusion werden die Karyoplast/Zytoplast/Komplexe solange kultiviert, bis sie ein Stadium erreichen, welches in den Uterus transferiert werden kann. Während früher dazu eine *in-vivo*-Kultur im Zwischenempfänger nötig schien, stehen mittlerweile immer besser funktionierende *in-vitro*-Systeme für die Kultur dieser Fusionskomplexe zur Verfügung. Durch Reklonierung, also die Verwendung von Embryonen aus Klonierung als Kernquelle für weitere Klonierungsrunden, kann nicht nur die Zahl der geklonten Embryonen weiter erhöht sondern auch die Entwicklungsrate gesteigert werden (Zakhartchenko et al. 1999b).

Mehr als zehn Jahre nach der Publikation von Klonnachkommen aus Schafembryonen wurde gezeigt, dass auch Zellen aus einer embryonalen Schaf-Zelllinie geeignet sind, als Kernspender verwendet zu werden (Campbell et al. 1996). Diese Zellen stammten aus einem 9 Tage alten Schafembryo, hatten *in vitro* bis zu 13 Passagen hinter sich und waren vor dem Transfer in enukleierte Oozyten durch Serumentzug in ein Ruhestadium versetzt worden. Es wurden 5 Lämmer geboren.

Die folgende Entwicklung hat dann überraschenderweise gezeigt, dass Zellen selbst dann noch als Kerndonoren verwendet werden können, wenn sie sich bereits wesentlich weiter entwickelt haben. Aus 26 Tage alten Feten und aus dem Eutergewebe eines sechs Jahre alten Schafes wurden Zellen kultiviert und nach einigen Passagen in der Kultur zur Klonierung verwendet. Kerne dieser Zellen führten in einigen Fällen zur Geburt von Lämmern. Bei einem geborenen Lamm war der Spender des Kernes eine Euterzelle von einem adulten Schaf (Wilmut et al. 1997). Nach der ersten Publikation einer erfolgreichen Adultklonierung am Roslin-Institut in Edinburgh wurde von verschiedenen Arbeitsgruppen gezeigt, dass nicht nur embryonale, sondern auch fetale Zellen und Zellen aus verschiedenen Geweben von adulten Individuen erfolgreich als Kernspender verwendet werden konnten und in Nachkommen resultierten. Mit der Erstellung von geklonten Säugetieren aus fetalen und adulten Zellen ist zum Ende des Jahrhunderts ein biologisches Dogma aufgehoben worden, das schon fast hundert Jahre bestanden hatte.

Beim Rind wurde 1998 publiziert, dass aus fetalen Zellen (Cibelli et al. 1998) und primordialen Keimzellen (Zakhartchenko et al. 1998a) via Kerntransfer Kälber entstehen können. Bei den primordialen Keimzellen lag die Blastozystenrate in Abhängigkeit vom Alter des Fetus zwischen 35% (50-57Tage alter Fetus) und 20% (95-105 Tage alter Fetus) (Zakhartchenko et al. 1999c). Dabei konnte auch in unserer Arbeitsgruppe demonstriert werden, dass die Überführung der (fetal differenzierten) Zellen in die G0-Phase, also das Ruhestadium im Zellzyklus, zwar mitunter Vorteile im Sinne etwas höherer Effizienzen haben kann, aber keineswegs essentiell für eine erfolgreiche Klonierung ist (Zakhartchenko et al. 1999b). Bei der Reklonierung mit Morulae, die aus Klonierung mit nicht gehungerten und gehungerten Fibroblasten stammten, war die Blastozystenrate mit 55% und 52% fast gleich hoch.

Die Adultklonierung aus Euterzellen beim Rind konnten wir in eigenen Untersuchungen erstmals bestätigen (Zakhartchenko et al. 1999a). Eine japanische Arbeitsgruppe hat publiziert, dass es ihr gelungen ist, aus Eileiter- und Cumuluszellen vom Rind via Klonen mit guter Effizienz Nachkommen zu erhalten (Kato et al. 1998). Auch andere Zellen adulter Tiere können zum Klonen verwendet werden. Wells et al. (1999) erreichten aus Kerntransfer mit Granulasozellen nach Übertragung von 100 Blastozysten auf Empfängertiere einen Klon von 10 Tieren.

Zusammenfassend kann zweifelsfrei festgestellt werden, dass aus Zellen von adulten Rindern und anderen Nutztieren (Schafe, Ziegen, Schweine) via Klonen Nachkommen erstellt werden können, die den chromosomalen Genotyp der Spendertiere repräsentieren (Zusammenfassung in Kühholzer und Brem, 2001).

Primordiale Keimzellen

Bereits vor Gründung des Klonierungslabors haben wir uns am Lehrstuhl für Molekulare Tierzucht und Haustiergenetik mit primordialen Keimzellen befaßt. Es gelang, solche Zellen aus Feten zu isolieren (Abb. 4) und sie zu kultivieren, wobei charakteristische Eigenschaften wie die *in vitro* Bewegung beobachtet (Leichthammer, Baunack und Brem 1990) und die Zellen auch erfolgreich eingefroren werden konnten (Leichthammer und Brem 1990).

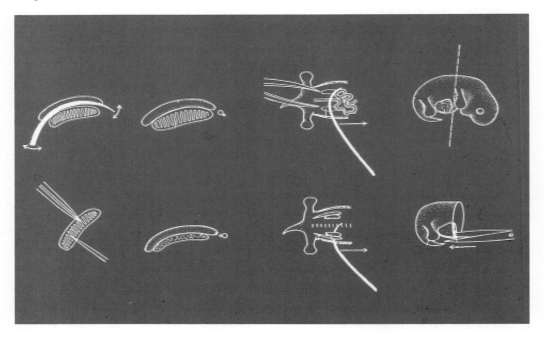

Abb. 4. Schemazeichnung der Isolation von primordialen Keimzellen.

In einem einmaligen Experiment, das wir leider nicht erfolgreich wiederholen konnten, erhielten wir aus der Injektion von isolierten primordialen Keimzellen der Maus in eine Blastozyste auch tatsächlich eine Chimäre. Da wir zu dieser Zeit im Labor noch nicht mit Mäuse-Stammzellen arbeiteten, schied eine Verwechslung aus, und wir hatten zumindest in diesem einen Fall gezeigt, daß primordiale Keimzellen, wie erwartet, pluripotent waren (Leichthammer, Clement-Sengewald und Brem 1990).

Im Jahr 1997 haben wir dann dann zeigen können, daß primordiale Keimzellen erfolgreich reprogrammierbar sind (Zakhartchenko et al. 1999c). Zur Untersuchung des Entwicklungs-potentials von Keimzellen wurden von Frau Dr. Sigi Müller und Frau Dr. Gabriele Durcova aus

Feten verschiedener Entwicklungsstadien (50. -57. Tag, 65. bis 76. Tag und 95 bis 105. Tag), die am Schlachthof gesammelt wurden, männliche und weibliche Keimzellen aus den Gonadenanlagen gewonnen am darauffolgenden Tag für den Kerntransfer verwendet. Dabei zeigte sich, daß jüngere Keimzellen bessere *in vitro* Entwicklungsraten aufwiesen als solche von älteren Feten (38%, 23% und 20%) und daß sich männliche Keimzellen aller untersuchten Entwicklungsstadien tendenziell besser eigneten als weibliche. Bei dem in diesen Untersuchungen verwendetem "Post-Aktivierung"-Protokoll - Fusion 2 bis 4 Stunden vor der Aktivierung mit Ethanol (5 min.) und anschliessende 5 stündige Kultur in 10 mg/ml Cyclohexamid und 5 mg/ml Cytochalsin B - entwickelten sich die Fusionskomplexe mit Spenderzellen aus Embryonen massiv schlechter (3%) als solche mit primordialen Keimzellen (38%). Aus dem Transfer von 32 Blastozysten auf 17 Empfänger resultierten 8 (47%) Tag 30 Graviditäten. Nach 60 Tagen waren noch 7 Empfänger gravid und nach 90 Tagen noch 5. Ein männliches Kalb wurde am 277 Tag der Gravidität durch Sectio entwickelt.

Fetale Fibroblasten

In der Arbeitsgruppe von Wilmut und Campbell waren differenzierte Zellen Kulturbedingungen ausgesetzt worden, die ein Aushungern dieser Zellen zur Folge hatten (Campbell et al. 1996). Diese sog."starvation" schien der entscheidende Faktor dafür zu sein, daß das Klonen mit somatischen Zellen erfolgreich war. In eigenen Untersuchungen haben wir fetale Fibroblasten, die aus der Primärkultur eine 37 Tage alten männlichen Fetus angelegt wurden, verwendet. Embryonen aus Klonierung mit Kernen aus gehungerten Fibroblastzellen (*in vitro* Kultur für 8 Tage in Medium mit nur 0,5% Serum) zeigten eine tendenziell aber nicht signifikant unterschiedliche Fusionsrate (Zakhartchenko et al. 1999b). *In vitro* entwickelten sie sich signifikant besser als Kerne von nicht ausgehungerten Fibroblasten (39% und 20%), aber offensichtlich gelang es auch **ohne Aushungern** der Zellen, eine *in vitro* Entwicklung bis zur geschlüpften Blastozyste zu erreichen (14% gegenüber 28% bei gehungerten). Bei einer Reklonierung von Zellen aus geklonten Morulae beider Gruppen zeigte sich sogar, daß sich die Spenderzellen aus Morulae, die aus dem Transfer nicht gehungerter Fibroblastenzellen entstanden waren, besser entwickelten (Blastozystenrate 55%) als solche, die sich in der ersten Klonierungsrunde aus gehungerten Fibroblastenzellen (50%) entwickelt hatten.

Nach dem Transfer von 16 Blastozysten geklonter Embryonen aus gehungerten Fibroblasten auf 9 Empfängertiere entstanden 7 Graviditäten und bei Transfer von 7 Blastozysten aus nicht gehungerten Fibroblasten auf 3 Empfänger resultierten 1 Gravidität. Diese wurde durch Sectio am 281. Tag durch die Entwicklung von 2 Kälbern beendet. Die beiden männlichen Kälber wogen 31 und 50 kg, das schwerere Kalb starb nach drei Tagen an insuffizienter Lungenfunktion. Aus dem leichteren Kalb, genannt "Maxl 09 744 91 001" (Abb. 5) entwickelte sich ein mittlerweile 700 kg schwerer Stier, von dem an der Prüf- und Besamungsstation München-Grub e.V. 1000 Portionen Sperma gewonnen und gelagert wurden.

Abb. 5. Stierkalb "Maxl" (*15.7.1998), Klon aus fetaler Fibroblastzelle.

Zwischenzeitlich wurden durch Fibroblastenklonierung zwei Klone etabliert. Ein Klon besteht aus drei lebenden weiblichen Rindern und ein zweiter Klon aus bislang 9 lebenden Klongeschwistern (Abb. 6) unterschiedlichen Alters. Weitere Graviditäten mit Zellen aus dieser Fibroblastenzelllinie bestehen, so daß erwartet werden kann daß dieser Klon zahlenmäßig noch größer werden wird.

Adulte Zellen

Ausgelöst durch die Arbeit von Wilmut et al. (1997) untersuchten wir das Entwicklungspotenzial von adulten Rinderzellen indem wir Zellen aus einer spontan immortalisierten Milchdrüsenzelllinie (MECL mammary gland epithelial cell line), Primärkulturen aus der Milchdrüse (PMGC primary cultures of mammary gland cells) und aus Ohrhaut-Fibroblasten (PESF primary cultures of ear skin fibroblasts) einer drei Jahre alten geschlachteten Kuh für die Klonierung verwendeten. Dabei zeigte sich, daß sich die aktiv proliferierenden Zellen aus der Milchrüsenzelllline MECL nicht erfolgreich geklont werden konnten, es entwickelten sich *in vitro* keine Blastozysten.

Abb. 6. Weiblicher "Lara-Klon" aus fetalen Fibroblastzellen.

Dagegen entstanden aus Klonierung der primären Mammazellen PMGC 36 Blastozysten (26% der Fusionskomplexe) und aus der Klonierung mit Ohrfibroblasten PESF sogar 49 Blastozysten (60% der Fusionskomplexe). Aus dem Transfer von 4 PMGC Embryonen auf zwei Empfänger und von 16 PESF Embryonen auf 12 Empfänger entwickelten sich 2 (100%) bzw. 5 (42%) Graviditäten (Tag 42) und jeweils ein lebendes Kalb wurde geboren, das Kalb aus der PMGC Gravidität wurde per vias naturales geboren (Abb. 7) und wog 42 kg, bei der PESF Gravidität wurde ein 57 kg schweres Kalb durch Sectio entwickelt. Dieses Kalb wurde am Tag nach der Geburt wegen schwerer Arthrogrypose euthanasiert.

Das aus der Klonierung mit Mammazellen entstandene Kalb "Uschi" entwickelte sich völlig normal. Dieses Kalb ist die erste erfolgreiche Wiederholung des "Dolly"-Experimentes (Wilmut et al. 1997) beim Rind und demonstrierte, daß die Effizienz dieser Technik beim Rind höher zu sein scheint als beim Schaf. Während beim Schaf aus 277 Fusionskomplexen in vivo (Eileiter-Zwischenkultur) 29 Morulae/Blastozysten entstanden (11,7%), die zu einem lebenden Lamm (3,4%) führte und damit eine Gesamteffizienz von 0,4%, entstanden bei unserem Experiment aus 140 Fusionskomplexen 36 Blastozysten (26%) und aus dem Transfer von 4 Blastozysten entwickelte sich ein Kalb (25%), was letztendlich rechnerisch eine Effizienz von etwa 6 % bedeutete.

Um zu demonstrieren, daß die Reproduktion der aus differenzierten und adulten geklonten Tiere ungestört ist, haben wir das weibliche Rind "Uschi" aus Mammazellklonierung mit dem Stier "Max" aus Fibroblastenklonierung besamt. Aus dieser Erstbesamung resultierte eine Gravidität die am Sonntag den 8. April 2001 durch eine Geburt per vias naturales zu einem völlig normal entwickelten gesunden weiblichen Kalb ("Udine") mit einem Geburtsgewicht von 41 kg führte (Abb. 8).

Abb. 7. Kalbin "Uschi" (*23.12.1998), Klon aus adulter Mammaepithelzelle.

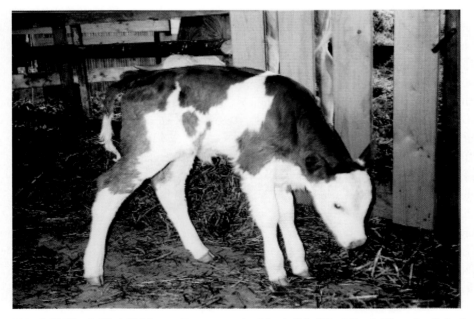

Abb. 8. "Udine" (*8.4.2001), aus Besamung der Klonkalbin "Uschi" mit Klonstier "Max".

Transgene geklonte Rinder

Ein sehr wichtiges Anwendungsgebiet des Klonens bei Nutztieren ist die Erstellung transgener Nutztiere. Durch die Möglichkeit, aus *in vitro* kultivierten Zellen via Klonen wieder Tiere zu erhalten, ergibt sich als Alternative zu konventionellen Methoden des Gentransfers die *in vitro* Transfektion von Zellen zur Erstellung transgener Zellen und die anschließende Generierung von Tieren aus diesen Zellen. Wie bei Schafen (Schnieke et al. 1997) und Rindern (Cibelli et al. 1998) gezeigt können auf diesem Weg Transgene erzeugt werden.

In eigenen Untersuchungen (Fa. Agrobiogen GmbH, Larezhausen) wurden weibliche fetale Fibroblasten von zwei verschiedenen Feten der Rasse Deutsches Fleckvieh isoliert und *in vitro* kultiviert. Zur Transfektion kam das TransFast Transfection Reagent von Promega zum Einsatz. Die Zellen wurden mit dem Plasmid p77 (Brem et al. 1995), das das Prochymosingen unter der Kontrolle des αS1 Kasein-Promoters enthielt und dem Selektionsmarkerkonstrukt pBabe puro transformiert. 48 Stunden nach der Transfektion wurde Puromycin in einer Konzentration von 1,2 mg/ml hinzugefügt und die Zellen wurden permanent unter diesem Selektionsdruck kultiviert.

Transfizierte und nicht transfizierte fetale Zellen wurden nach Hungern und ohne Hungern vergleichend kloniert. Fusionskomplexe aus gehungerten Zellen entwickelten sich geringfügig besser als solche aus nicht gehungerten Zellen (52% bzw. 44% und 27% bzw. 24%). Signifikant waren die Unterschiede zwischen transformierten und nicht transformierten fetalen Fibroblasten. Während nicht transformierte Zellen zu 52% (gehungert) bzw 44% (nicht gehungert) zu Blastozysten führten, entstanden aus transformierten Zellen nur 27% bzw. 24% Blastozysten (Zakhartchenko et al. 2001). Diese Tendenz bestätigte sich tendenziell auch bei der in vivo Entwicklung. Aus Transfer von 44 nicht transgenen Blastozysten auf 21 Empfänger resultierten 11 Graviditäten (52%) und nach 4 Aborten wurden noch 11 Kälber geboren (25% bezogen auf die transferierten Blastozysten). Bei den transgenen Fibroblasten wurden 45 Blastozysten auf 23 Empfänger übertragen, es resultierten ebenfalls 11 Graviditäten (48%) und nach 8 Aborten wurden 6 Kälber geboren (13% bezogen auf die transferierten Blastozysten).

Zur Gewinnung von zuverlässig transgenen fetalen Fibroblasten wurden gravide Empfänger am Tag 34 der Gravidität geschlachtet und von den Feten Fibroblasten gewonnen. Von einem geborenen transgenen Kalb wurde im Alter von einem Monat aus einer Biopsieprobe aus Ohrhaut ebenfalls eine Fibroblastenkultur angelegt. Beide Zelltypen wurden erneut in Klonprogrammen eingesetzt und die durch diese Reklonierung gewonnenen Embryonen wurden transferiert. Während die Fusionsrate mit beiden Zelllinien fast gleich war (85% und 83%), entwickelten sich von den Fusionskomplexen aus fetalen Zellen 33% zu Blastozysten, während aus den transgenen Ohrfibroblasten nur 13% Blastozysten entstanden. Aus 95 reklonierten Embryonen aus Fetalfibroblasten auf 49 Empfänger entstanden 24 Graviditäten (49%) und 8 Geburten. Aus dem Transfer von 24 Ohrfibroblasten-Reklonierungen auf 10 Empfänger enstanden 3 (30%) Graviditäten, die aber alle in Aborten resultierten.

Die zwei transgenen Kälber aus fetaler Reklonierung (Abb. 9) zeichnen sich auch dadurch aus, daß ihre Zellen bereits deutlich mehr Zellteilungen hinter sich haben, als normale Zellen. Zu den zwei transgenen Klonrindern gibt es außerdem auch noch ein Klontier, das den gleichen Genotyp repräsentiert, aber nicht transgen ist, d.h. keine Integration des Genkonstruktes enthält. Dies wird es ermöglichen, die direkte Wirkung des Transgens auf gleichem genetischen Hintergrund untersuchen zu können.

Im Einzelnen sieht die Entwicklungs-Historie dieser transgenen Klon-Kälber aus wie folgt:

Datum	Vorgang	Geschätzte Anzahl an Zellteilungen
29.11.1997	Mikroinjektion in *ex vivo* gewonnene Eizellen	
29.11.1997	Embryotransfer auf synchronisierte Empfänger	7
20.01.1998	Schlachtung des Empfängertieres	20
	Isolation von fetalen Fibroblasten, keine Genintegration nachweisbar	2
	Transfektion und Puromycin Selektion	5
12.02.1998	Klonen transfizierter Fibroblasten	
19.02.1998	Transfer geklonter Embryonen	7
25.03.1999	Schlachtung gravider Empfänger und Fibroblastenisolation	20
	Analyse auf Genintegration und Anlage einer Fibroblastenkultur	4
02.06.1999	Klonen transgener Fibroblasten	
09.06.1999	Transfer von transgenen Klonembryonen	7
13.03.1999	Geburt des transgenen Kalbes "Frieda" durch Sectio	40
	Aufzucht, Alter 1,2 Jahre	5
		Summe 117

Abb. 9. Transgene Klonkälber aus transformierten Fibroblastzellen.

Damit haben die beiden transgenen Kälber bereits mehr als die doppelte Anzahl an Zellteilungen durchlaufen wie dies bei einem konventionellen Kalb der Fall ist. Es bestehen bislang keine Anzeichen dafür, daß die Entwicklung/Lebenserwartung verkürzt ist. Die Tatsache, daß sich die aus den Ohrfibroblasten geklonten Embryonen nach Transfer in vivo schlechter entwickelten und nicht bis zur Geburt gelangten, sondern vielmehr nach schätzungsweise 145 Zellteilungen abortiert wurden, muß nicht kausal mit der Zahl der Zellteilungen zusammenhängen, da bei Graviditäten aus geklonten Embryonen insgesamt eine weit höhere Abortrate als bei Normalgraviditäten beobachtet wird. Weitere Untersuchungen müssen hier folgen.

Die Effizienz von Klonprogrammen ist in Anhängigkeit von der Herkunft der Zellkerne unterschiedlich (Tab. 2), wobei sich die größten Auswirkungen nach wie vor bei der Geburt gesunder Kälber ergeben, während die Manipulationsergebnisse weniger deutlich schwanken. Das größte Problem von Klonprogrammen sind die hohen Verluste während der Gravidität, Geburt und perinatalen Phase.

Tab. 2. Effizienz in eigenen Klonprogrammen beim Rind

Zelltyp	Fusions-Komplexe n	Blasto-zysten n (%)	Graviditäts-rate %	Kälber geboren (normal)
Primäre fetale Fibroblasten	379	115 (30%)	67	2 (1)
Primordiale Keimzellen	428	115 (27%)	47	1 (1)
Primäre Mammazellen	140	36 (26%)	(100)	1 (1)
Primäre adulte Hautfibroblasten	92	49 (60%)	42	1 (0)
Primäre Granulosazellen	93	20 (22%)	33	2 (1)
Transgene Fibroblasten 1	436	144 (33%)	49	8 (2)
Transgene Fibroblasten 2	167	87 (52%)	52	13 (9)

Entwicklung von Klontieren

Die erfolgreiche Adult-Klonierung war und ist ohne Zweifel ein völlig unerwartetes und auch partiell noch immer unerklärtes Ergebnis. Es gibt nach wie vor mehr Argumente, warum sie eigentlich nicht funktionieren sollte als solche, die sie hätten vorhersagen lassen. So ist bekannt und hinlänglich gezeigt, dass in somatischen Zellen zahlreiche Mutationen entstehen, die sich während des Lebens anhäufen. Die durchschnittliche Mutationsrate führt bei jeder Zellteilung pro hunderttausend Basenpaare zu einer Mutation. Dabei ist sicherlich zu berücksichtigen, dass die meisten dieser Mutationen weder für die betroffenen Zellen noch den Organismus Konsequenzen haben oder hätten. Das gilt insbesondere für Mutationen, die in einem Bereich der DNA stattfinden, der keine Funktion hat oder weil sich durch die Mutation die Aminosäuresequenz nicht ändert bzw. die

Änderung keine Auswirkungen auf die Funktion des Proteins hat. Soweit diese Mutationen nicht in der Keimbahn auftreten und Gameten betreffen, haben sie im Normalfall der Reproduktion keine nachteiligen Folgen für die nächsten Generationen. Die hohe Ausfallrate beim Klonen mit adulten Zellen ist aber vielleicht eine Konsequenz von Mutationen, die sich zufällig in den betroffenen Zellen ereignet haben und die die Entwicklung unterbinden.

Im Hinblick auf den Kerntransfer mit somatischen Zellen ist von Bedeutung, dass es bei jeder Zellteilung zu einer Verkürzung der Telomeren-Regionen, also an den Enden der Chromosomen, kommt. Diesem erstmals von Hayflick beschriebenen "Alterungsprozess" der Chromosomen unterliegen alle somatischen Zellen. Noch ist nicht klar, wie sich dies auf die Lebenserwartung der aus der Klonierung entstandenen Individuen auswirkt. Aus subcutanen Gewebezellen eines greisen Brahman-Bullen (21 Jahre) konnten erfolgreich Nachkommen kloniert werden (Hill et al. 2000). Es scheint, dass die Telomerenverkürzung unter bestimmten Umständen umkehrbar bzw. aufhaltbar ist, d.h. durch Repairmechanismen die ursprüngliche Länge wieder hergestellt bzw. sogar eine Verlängerung beobachtet werden kann (Lanza et al. 2000). Dies wird aber heftig diskutiert (Glaser 2000, Wilmut, Clark und Harley, 2000) und es ist tatsächlich noch nicht klar, inwieweit Klonabkömmlinge tatsächlich eine unveränderte Entwicklungs- und Alterungskapazität haben werden.

Klongeschwister unterscheiden sich im Normalfall dadurch, dass sie in der Regel neben der Empfängermutter, die den Embryo austrägt, aber genetisch nicht beteiligt ist, zwei genetische Mütter haben. Von einer genetischen Mutter stammt die Kern-DNA und von einer zweiten, die über die Eizelle Zytoplasma beisteuert, die mitochondriale DNA. In eigenen Untersuchungen konnten wir zeigen, dass Klonnachkommen eine mitochondriale Heteroplasmie aufweisen, die als mitochondrialer Chimärismus verstanden werden kann (Steinborn et al. 1998). Der Anteil der mitochondrialen DNA der Spenderzelle im Vergleich zur Empfängerzelle ist umso geringer, je weiter die Spenderzelle sich bereits entwickelt hatte. Im Prinzip kann deshalb in fast allen Fällen anhand dieser mitochondrialen Heteroplasmie gezeigt werden, dass bzw. ob ein Tier tatsächlich das Produkt eines Klonierungsprozesses ist (Steinborn et al. 2000).

Daraus ergibt sich, dass Klongeschwister aus Kerntransfer sowohl untereinander wie auch im Vergleich zum Adult-Individuum im Normalfall weder phänotypisch noch genetisch vollständig identisch sind. Neben den angedeuteten genetischen Unterschieden (verschiedene genetische Veränderungen in den einzelnen Kernspender-Zellen vor der Klonierung und in den einzelnen geklonten Embryonen, Heteroplasmie der mitochondrialen DNA) wirken sich insbesondere auch diverse intrauterine sowie peri- und postnatale Umweltfaktoren auf die phänotypische Ausprägung der Klongeschwister modifizierend aus. Dieses als "Entwicklungsrauschen" bezeichnete Phänomen ist seit langem bekannt und auch bei natürlicherweise entstandenen monozygoten Mehrlingen zu beobachten. Letztendlich kann also z.B. die leicht variierende Fellzeichnung von Rinderzwillingen und natürlich auch Klonen als Konsequenz von intrauterinen Umwelteffekten, die sich auf das Zellwachstum im fetalen Stadium auswirken, interpretiert werden (Abb. 3).

In Klonprogrammen treten häufiger als üblich Aborte auf. Auffallend ist weiterhin, dass Feten aus geklonten Embryonen insbesondere auch in der zweiten Hälfte der Gravidität verloren gehen. Dabei werden signifikant häufiger Fälle von Eihautwassersucht beobachtet. Die Gründe für diese Probleme während der Gravidität sind noch nicht bekannt, aber es könnte sich um Störungen der Kommunikation zwischen fetalen und maternalen Plazentaanteilen handeln. Bekannt ist, das die einwöchige Kultur im serumhaltigen Medium eine Bedeutung für das Auftreten der höheren Geburtsgewichte hat.

Die aus Embryo-Klonen geborenen Kälber weisen in einzelnen Fällen deutlich höhere Geburtsgewichte auf (Willadsen et al. 1991). Diese Beoachtung wird auch bei Kälbern aus der *in-vitro*-Produktion gemacht. Neben den schon genannten Problemen und einer in einzelnen Fällen zu beobachtenden gestörten Vorbereitung und Einleitung der Geburt kann es bei Klonkälbern auch post partum mitunter zu Schwierigkeiten in der Entwicklung und zu Immunschwächen kommen (Anämie, Haemothorax, Pneumonie, Polyserositis, Omphaloarteritis, Polyarthritis, Ductus arteriosus, Omphalitits, Leberfibrose, Ödeme, dilatierter rechter Ventrikel, Anasarka. Arthrogrypose, Osteopetrose etc.), wie internationale Publikationen und eigene Beobachtungen zeigen. Diese sind zwar auch bei Normalgeburten von Kälbern zu beobachten, treten dort aber z.T. mit einer extrem geringeren Häufigkeit als bei Klongeburten auf.

Anwendungen des Klonens in der Biotechnologie

In der Biotechnologie liegt die vorrangige Anwendung des Klonens in der effizienteren Generierung geklonter transgener Rinder. Beim konventionellen Gentransfer in Nutztiere wird das DNA-Konstrukt in befruchtete Eizellen injiziert (Brem et al. 1985, Hammer et al. 1985). Weniger als 10% der geborenen Jungtiere sind transgen, bis zur kommerziellen Nutzung dieser Tiere vergehen in aller Regel zwei Generationen.

Zellen können *in-vitro* transformiert werden, d.h. man kann den additiven und wohl auch rekombinativen Gentransfer im Labor durchführen. Dazu werden z.B. fetale Zellen durch Elektroporation oder andere Verfahren mit Genkonstrukten und Markern behandelt und die positiven Zellen selektiert. Durch Verwendung solcher Zellen beim Kerntransfer können dann transgene Tiere erstellt werden. Die Vorteile liegen auf der Hand:

- alle geborenenen Tiere sind transgen und haben das gewünschte Geschlecht,
- es können exzellente Genotypen als Grundlage für die Transgenität verwendet werden,
- es entstehen keine Mosaike, d.h. alle Tiere werden das Transgen vererben,
- man kann funktionelle Knock-outs generieren,
- die Zeitabläufe werden verkürzt und
- die Aussichten auf optimierte Expression verbessert.

Das Klonen wird, wenn die patentrechtlichen Probleme gelöst sein werden, die Methode der Wahl für die Generierung transgener Nutztiere sein, weil sie nicht nur besser sondern auf lange Sicht auch kostengünstiger ist. Insofern ist Klonen und Gentransfer zu einem Methodenspektrum zusammengewachsen, das für die Zukunft der Biotechnologie sehr wichtig werden wird.

Bei Anwendung des Klonens kann dagegen die Veränderung des Genoms bereits in der Zelllinie durchgeführt werden. Nach Testung der Integration und eventuell sogar der Expression des Genkonstrukts wird via Kerntransfer bereits in einer Generation ein Klon von transgenen Tieren erstellt werden. Für die Produktion rekombinanter (pharmazeutischer) Proteine ist zum einen der Zeitvorteil von enormer Bedeutung und zum anderen haben Klongeschwister als Produzenten den Vorteil, dass das Expressionsmuster durch den Genotyp nicht modifiziert wird und deshalb bei allen Tieren, zumindest was die genetischen Wirkungen betrifft, Art und Höhe der Expression weitgehend einheitlich sein sollten.

Unter Xenotransplantation versteht man die Übertragung von Organenen, Geweben oder Zellen zwischen verschiedenen Spezies. Üblicherweise erfolgt aber eine sog. hyperakute Abstoßung, weil das Immunsystem z.T. über präformierte Antikörper sofort reagiert. Man versucht nun, durch gentechnische Methoden Schweine so zu verändern, daß die hyperakute und dann auch die folgenden Formen der Abstossung unterbleiben. Die dafür notwendigen genetischen Veränderungen durch Gentransfer können in einer Zelllinie wesentlich zuverlässiger und effizienter durchgeführt werden, insbesondere weil es bei Zellen auch möglich ist, Gene gezielt funktionell auszuschalten und damit ihre Expression zu unterbinden. Wenn eine Zelllinie etabliert wird, die die notwendigen Veränderungen aufweist, könnten anschliessend durch Klonen aus dieser Zelllinie z.B. transgene Schweine erstellt werden. Wie die kürzlich erschienenen Publikationen zum Klonen von Schweinen und auch zur Erstellung geklonter transgener Schweine zeigen, wird diese Technik in Zukunft große Bedeutung erlangen können.

Es wurde auch gezeigt, daß genetisch veränderte bovine Zellen nach Kerntransfer zu Feten führten, von denen fetale Zellen gewonnen werden konnten, die ein humanes Protein exprimierten, das nach Übertragung in ein Tierversuchsmodell dort die erwarteten positiven Wirkungen auslöste (Zawada et al. 1998). Von besonderer Bedeutung für Forschung und Anwendung ist es, nicht nur Gene additiv in das Genom von Zellen zu integrieren, um damit transgene Tiere zu generieren, sondern Gene auch durch homologe Rekombination durch andere zu ersetzen. Aus diesem in-situ-Austausch von endogenen Strukturgenen oder regulatorischen Elementen durch andere Sequenzen würde eine völlig neue Dimension der gewünschten Veränderung des Genoms resultieren.

Züchterische Aspekte des Klonens

In der Tierzuchtforschung und der tierischen Produktion kommen folgende Einsatzmöglichkeiten der Klonens in Frage (Brem 2000):

- Einsparung von Test- und Versuchstieren durch grössere statistische Aussagekraft. Klongeschwister können bei Versuchen in der Ethologie, Fütterung, Prüfung von Medikamenten etc. auf die verschiedenen Gruppen verteilt werden. Dadurch lassen sich die Behandlungs-Effekte direkt studieren, ohne von unterschiedlichen genetischen Effekten maskiert zu werden.
- Detaillierte Untersuchungen von Genotyp-Umwelt-Interaktionen. Durch Verteilung von Klongeschwistern auf verschiedene Umwelten können ihre Leistungen in der Produktion, Gesundheit, Fruchtbarkeit und Langlebigkeit direkt untersucht werden.
- Erhaltung genetischer Ressourcen. Durch Klonen der letzten verfügbaren Individuen von in ihrem

Fortbestand gefährdeten Rassen oder Linien könnten diese direkt ohne Tiefgefrier-Konservierung erhalten werden.

- Einschränkung der genetischen Vielfalt, die bei bestimmten Anlässen gewünscht wird. So wäre für die Produktion in vielen Fällen erstrebenswert, bekannte Genotypen verwenden zu können, also z.B. auch nur Tiere mit dem gleichen Geschlecht zu erhalten.
- Beschleunigung des Zuchtfortschrittes. Durch Klonen der genetisch besten weiblichen Tiere, die dann mit verschiedenen herausragenden Vatertieren belegt werden, können durch Neukombination der Erbanlagen schneller optimierte Genotypen erhalten werden.
- Intensivere Nutzung herausragender Zuchttiere. Sowohl auf der männlichen wie auch auf der weiblichen Seite kann durch Klonen die Ausnutzung des genetischen Potentials massiv gesteigert werden.

Bei der Beurteilung der züchterischen Konsequenzen von Klonprogrammen ist zwischen dem allgemeinen Zuchtwert und dem Klonwert zu unterschieden. Der allgemeine Zuchtwert ist die Summe der additiven Genwirkungen, die ein Tier bei Anpaarung an zufällig ausgewählte Tiere einer Population an seine Nachkommen weitergibt. Er liegt in gängigen Besamungszuchtprogrammen der Selektion von Bullen und Kühen zugrunde. Der Klonwert hingegen umfaßt die Summe aller Genwirkungen (additiv, dominant, epistatisch), und sollte folglich - bei gleicher standardisierter Umwelt - zu weitgehend gleichen Klongeschwisterleistungen führen.

Beim Einsatz des Embryoklonens kann neben der genetischen Selektion, die den Zuchtfortschritt bedingt, auch die klonale Selektion genutzt werden. Aus dem Vergleich von Klonwert und Zuchtwert ergibt sich, dass das Klonen von Embryonen allein keine anhaltende Verbesserung des Zuchtfortschrittes bewirken kann. Erst die Kombination von genetischer und klonaler Selektion mit optimaler Nutzung der Prüfkapazitäten führt zu einem kumulativen Erfolg. Es ist deshalb wichtig, die Prüfkapazitäten gleichzeitig für die klonale Selektion und die genetische Selektion zu nutzen.

Der züchterische Erfolg der beiden Selektionsmassnahmen ist in erster Linie von der Genauigkeit der Zucht- bzw. Klonwertschätzung und der Selektionsintensität abhängig. Das Generationsintervall kann bei Geschwisterprüfung nach dem Muster des adulten MOET-Programmes kurz gestaltet werden. Bei grosser Ähnlichkeit zwischen Klongeschwistern reichen 1 bis 2 Prüftiere aus, um die besten Klone herauszufinden. Eine andere Situation ergibt sich bei der Bestimmung der Zuchtwerte der Klone. Mit zunehmender Differenz zwischen Heritabilität und Ähnlichkeit der Klongeschwister nimmt die Genauigkeit der Zuchtwertschätzung ab.

Zur Untersuchung dieser Zusammenhänge haben wir in einem Modellversuch in Bayern identische Zwillinge aus Embryoteilung verwendet (Distl et al. 1990). Erwartungsgemäss ergab die Analyse, dass die Ähnlichkeit zwischen den monozygoten Zwillingen in der Mastleistung sehr hoch war. Die Ähnlichkeit zwischen den Zwillingsbullen lag in der Mastleistung zwischen 65 und 80%. Das bedeutet, dass der Test eines Tieres gute Aussagen über die genetische Veranlagung des Zwillingspaares und auch von Klongeschwistern zulässt. Die Unterschiede zwischen den Nachkommengruppen (männlich und weiblich) der jeweiligen Zwillingspaare waren in der Mast-

und Schlachtleistung äusserst gering. Der statistische Test ergab, dass diese Unterschiede zwischen den Nachkommengruppen der jeweiligen Zwillingspaare nur zufallsbedingt sind und durch die Stichprobenvariation erklärt werden können. Dementsprechend hoch sind die Beziehungen zwischen den Nachkommen der jeweiligen Zwillingspaare.

Es spielt natürlich keine Rolle, welches Zwillingstier für die Zucht verwendet wird, da die Zuchtwerte aus der Nachkommenprüfung für Zwillinge die selben Resultate erbringen müssen, auch wenn das zufallsbedingt nicht immer der Fall ist. Sehr hoch sind die Korrelationen zwischen der Eigenleistungsprüfung der Zwillinge und den Ergebnissen der Nachkommenprüfung. Aufgrund dieser Ergebnisse ist anzunehmen, dass der additivgenetische Zuchtwert der Bullen aus der Eigenleistungsprüfung von Zwillings- oder Klongeschwistern relativ gut vorausgesagt werden kann. Dadurch können vorhandene Prüfkapazitäten zur Stationsprüfung auf Mast- und Schlachtleistung durch den Einsatz des Embryotransfers und der Klonierung wesentlich besser genutzt werden als in konventionellen Verfahren.

Die zu erwartende Leistungssteigerung bei der Embryoklonierung im Vergleich zur genetischen Selektion kann nach frühen Modellrechnungen in einer Selektionsrunde zu einem Leistungssprung von 1,8 Standardeinheiten führen (Teepker und Smith 1989). Dies würde bei der Laktationsleistung etwa 1.500 kg Milch entsprechen. Die Leistung der Tiere aus den besten Klonen läge demnach wesentlich über den Leistungen der Zuchttiere der Population. Diese Ergebnisse der Klonselektion können nicht wie die konventionellen Zuchtfortschritte über lange Zeiträume kumuliert werden. Der jährliche Zuchtfortschritt liegt in gängigen Besamungszuchtprogrammen bei etwa 1% und bei Programmen mit guter Effizienz bei bis zu 1,5%. MOET-Programme bei Bullenmüttern oder in Nukleuszuchtprogrammen können zu Zuchtfortschritten von 2 bis 2,4% führen. Im Gegensatz dazu würde eine Klonselektion einen Zuchtfortschritt von 20 bis 25% ermöglichen.

Nicholas und Smith (1983) vergleichen den genetischen Erfolg bei der Erstellung grosser Klone mit dem in Besamungszuchtprogrammen erreichbaren Erfolg. Durch die Selektion der Eltern der Klone kann ein anfänglicher genetischer Sprung von 4 Jahren (gemessen am jährlichen theoretischen Zuchtfortschritt in Nachkommenprüfprogrammen) im Vergleich zu den Eltern von Bullen in Besamungszuchtprogrammen erreicht werden. Nach 3 Jahren liegen die Leistungen der Klone vor und die besten Klone können für den Einsatz in der Population selektiert werden. Die im darauffolgenden Jahr geborenen Nachkommen würden dann 13 bis 17 Zuchtjahre vor der Besamungszuchtpopulation liegen. Im selben Jahr werden die besten Klone miteinander verpaart, um eine neue Klonierungsrunde im Jahr 8 zur Verfügung zu haben. Nach 16 Jahren würde die Differenz zwischen der Benutzung von Klonen und dem Nachkommenprüfungssystem mehr als 30 Jahre betragen.

Männliche Klone ermöglichen eine sicherere und effizientere Zuchtwertschätzung auf Mast- und Schlachtleistung bei Zweinutzungs- und Fleischrassen und eine bessere und längere Nutzung von Spitzenbullen, wenn identische Embryonen erstellt und tiefgefroren wurden. Wenn praxisrelevante Testmethoden der Testung von Krankheitsresistenz bzw. -anfälligkeit entwickelt werden, können diese Ergebnisse direkt berücksichtigt werden.

Bei weiblichen Tieren ermöglicht die Erzeugung von Klongruppen die Bildung von Herden, die unter definierten Umweltbedingungen in der Leistung um mehrere Standardeinheiten über dem Durchschnitt liegen werden. Dies würde z.B. für Holstein-Friesian bedeuten, dass eine Leistungsgarantie um 11.000 kg Milch erreicht werden könnte. Beim Fleckvieh würde dies eine Milchleistung von 9.000 kg bei guter Bemuskelung ermöglichen. In Hinkunft könnte die geschickte Kombination genetischer und klonaler Selektion zu einer deutlichen Beschleunigung des Zuchtfortschritts führen.

Die Adult-Klonierung erweitert das Spektrum um eine sehr wesentliche Möglichkeit, indem durch die Klonierung adulter Tiere an die Stelle der genetischen Selektion eine Selektion auf phänotypischer Basis treten könnte. Bei der Klonierung bleiben alle Effekte von chromosomalen Genkombinationen erhalten, d.h. nicht nur die additiven Geneffekte können genutzt werden. Bei standardisierter Umwelt, wie sie in Betrieben mit gutem Management erreicht wird, sollte sich die Leistung von Klonen nur im Rahmen der verbleibenden Umweltvarianz und der klontechnisch bedingten mitochondrialen genetischen Varianz unterscheiden. Damit wäre innerhalb einer Herde in nur einer Generation mit allen Tieren eine Produktion auf dem Niveau des besten bzw. optimalen Tieres einer Herde möglich. Von besonderer Attraktivität könnte sein, Tiere mit hoher Lebensleistung auszuwählen.

Auch zur Optimierung der Markergestützten Selektion kann das Klonen essentielle Beiträge leisten. Wenn geeignete molekulargenetische Marker, die eine Optimierung der genetischen Selektion erlauben, zur Verfügung stehen, können diese Effekte durch die Klonierung noch verstärkt werden. Würden beispielsweise in absehbarer Zeit etwa ein Dutzend Marker zur Verfügung stehen, die möglicherweise simultan genutzt werden sollen, kann nach Identifikation der wenigen Tiere, die für alle Marker positiv sind, durch Klonen eine wirklich effiziente Nutzung dieser wenigen Tiere erreicht werden.

Insbesondere kann bei Embryonen, von denen nach Blastomerenentnahme mittels PCR eine Markerbestimmung durchgeführt worden ist, durch Klonen sichergestellt werden, dass aus diesen Embryonen via Generierung von Klon-Embryonen mehrere Tiere entstehen und somit der selektierte Genotyp nicht verloren geht.

Die hier genannten Anwendungen des Klonens sind nur ein Auszug aus dem Potenzial, das diese neue Technik bietet. Es muss an dieser Stelle aber auch betont werden, dass noch nicht sicher ist, ob das Klonen mit differenzierten Zellen in absehbarer Zeit so perfektioniert werden kann, dass der Aufwand für die Technik in einem angemessenen Verhältnis zum potenziellen Nutzen steht.

Die Ethik-Kommission der Europäischen Union (GAEIB) hat in einer Stellungnahme zu den ethischen Aspekten der Klonierung vom 28.5.1997 unter anderem festgestellt, dass die Anwendung der Klonierung beim Tier ethisch akzeptabel ist, wenn sie unter Berücksichtigung tierschützerischer Vorgaben erfolgt.

Literaturverzeichnis

Berg, U. and G. Brem (1989). *In vitro* production of bovine blastocysts by *in vitro* maturation and fertilization of oocytes and subsequent *in vitro* culture." Reprod. Dom. Anim 24 : 134-139.

Brem, G., B. Brenig, H. M. Goodman, R. C. Selden, F. Graf, B. Kruff, K. Springmann, J. Hondele, J. Meyer, E.-L. Winnacker and H. Kräusslich (1985). Production of transgenic mice, rabbits and pigs by microinjection into pronuclei. Reprod. Dom. Anim. 20 : 251-252.

Brem G. (1986). Mikromanipulation an Rinderembryonen und deren Anwendungsmöglichkeiten in der Tierzucht. Enke Verlag, Stuttgart, 211 S.

Brem, G., U., Besenfelder, N., Zinovieva, J., Seregi, l., Solti and Hartl, P. (1995). Mammary gland specific expression of chymosin constructs in transgenic rabbits." Theriogenology 43 : 175.

Brem, G. (2000). Klonierung. "Biotechnologie in den Nutztierwissenschaften" Hülsenberger Gespräche 2000, Aus der Schriftenreihe der H. Wilhelm Schaumannstiftung, Hamburg, 86-97.

Bondioli, K. R., Westhusin, M. E. und Looney, C. R. (1990). Production of identical bovine offspring by nuclear transfer. Theriogenology 33, 165-174.

Briggs, R. und King, T. J. (1952). Transplantation of living nuclei from blastula cells into enucleated frogs´eggs. Proc. Natl. Acad. Sci. U.S.A.. 38, 445-463.

Campbell, K. H. S., McWhir, J., Ritchie W.A. und Wilmut, I. (1996). Sheep cloned by nuclear transfer from a cultured cell line. Nature 380, 64-66.

Cibelli, J. B., Stice, S. L., Golueke, P. J., Kane, J. J., Jerry, J., Blackwell, C., Abel Ponce de Leon, F. und Robl, J. M. (1998). Cloned transgenic calves produced from nonquiescent fetal fiboblasts. Science 280, 1256-1258.

Clement-Sengewald, A., U. Berg and G. Brem (1990). The use of IVM/IVF bovine embryos in nuclear transfer experiments. Proc. of the 4th Franco-Czecholovak Meeting: Through the oocyte to the embryo, Prague, CSFR, 31

Clement-Sengewald, A. and Brem, G. (1992). Zur Embryokonierung von Nutztieren. Berl. Münch. Tierärztl. Wschr. 105 : 15-21.

Clement-Sengewald, A., Palma, G. A. , Berg, U. und Brem, G. (1992). Comparison between *in vitro* produced and in vivo flushed donor embryos for cloning experiments in cattle. Theriogenology, 37, 196.

Distl O., Brem G., Gottschalk A. und Kräusslich H. (1990). Embryo-Splitting: erster Schritt zur klonalen Selektion. Der Tierzüchter, 42, 474-475.

Glaser, V. (2000). Cloned cows turn back the cellular clock. Nat. Biotechnology 18, 594.

Gurdon, J. B. (1962). Adult frogs derived from the nuclei of single somatic cell. Dev. Biol. 4, 256-273.

Hammer, R. E., Pursel, V. G., Rexroad Jr., C. E., Wall, R. J., Palmiter, R. D., Brinster, R. L. (1985). Production of transgenic rabbits, sheep and pigs by microinjection. Nature 315, 680-683.

Heymann, Y., Chesne, P., Thuard, J. M., Garnier, V. and Renard, J. P. (1990). Nuclear transfer from frozen-thawed rabbit morula: in vivo and *in vitro* development of reconstituted eggs. 6th Meeting of the AETE, Lyo, 7.-8.9., Abstract 154.

Hiendleder, S., Schmutz, S. M., Erhardt, G., Green, R.D. and Plante, Y. (1999). Transmitochondrial differences and varying levels of heteroplasmy in nuclear transfer cloned cattle. Mol. Reprod. Dev. 54, 24-31.

Hill, J. R., Winger, Q. A., Long, C. R., Looney, C. R., Thompson, J. A., Westhusin, M. E. (2000) Development rates of male bovine nuclear transfer embryos derived from adult and fetal cells. Biol. Reprod. 62, 1135-1140.

Illmensee, K. und Hoppe, P. C. (1981). Nuclear transplantation in Mus musculus: developmental potential from nuclei from preimplantation embryos. Cell 23, 9-18.

Kato Y,. Tani, T., Sotomaru, Y., Kurokawa, K., Kao, J., Doguchi, H., Yasue, H. und Tsunoda Y. (1998). Eight Calves Cloned from Somatic Cells of a Single Adult. Science 282, 2095-2098.

Kühholzer, B. und Brem, G. (2001). Somatic nuclear transfer in livestock species. Archiv f. Tierzucht, in press.

Leichthammer, F., Baunack, E. and Brem, G. (1990a). Behaviour of living primordial germ cells of livestock in vitro. Theriogenology 33, 1221-1230.

Leichthammer, F. and Brem, G. (1990b). In vitro culture and cryopreservation of farm animals'primordial germ cells. Theriogenology 33, 272.

Leichthammer, F., Clement-Sengewald, A. and Brem, G. (1990c). Injection of Primordial Germ Cells into Blastocysts of Mice and Rabbits. 4th FELASA Symposium, Lyon, France, 10-15.6.1990.

Lanza, R. P., Cibelli, J. B., Blackwell, C., Cristafalo, V. J., Francis, M. K., Baerlocher, G. M., Mak, J., Schertzer, M., Chavez, E. A., Sawyer, N., Lansdorp, P. M. and West, M. D. (2000). Extension of cell life-span and telomere length in animals cloned from senescent somatic cells. Science 288, 665-669.

McGrath, J. and Solter, D. (1983). Nuclear transplantation in the mouse embryo by microsurgery and cell fusion. Science 220, 1300-1302.

McGrath, J. and Solter, D. (1984). Inability of mouse blastomere nuclei transferred to enucleated zygotes to support development in vitro. Science 226, 1317-1319.

Nicholas, F. W. und Smith, C. (1983). Increased rates of genetic change in dairy cattle by embryo transfer and splitting. Anim. Prod. 36, 341-353.

Prather, R. S., Barnes, F. L., Sims, M. M., Robl, J. M., Eyestone, W. H. and First, N. L. (1987). Nuclear transplantation in the bovine embryo: assessment of donor nuclei and recipient oocyte. Biol. Reprod. 37, 859-866.

Prather, R. S., Sims, and First, N. L. (1987). Nuclear transfer in pig embryos. 3rd Intl. Conf. on Pig Reproduction, 11-14.4., Loughborough.

Reichenbach, H.-D., Liebrich, J., Berg, U. and Brem, G. (1992). Pregnancy rates and births after unilateral or bilateral transfer of bovine embryos produced in vitro. J. Reprod. Fert. 95, 363-370.

Robl J. M., Prather, R. S., Barnes, F., Eyestone, W., Northey, D., Gilligan, B. und First, N. L. (1987). Nuclear transplantation in bovine embryos. J. Anim. Sci. 64, 642-647.

Schnieke, A. E., Kind, A. J., Ritchie, W. A., Mycock, K., Scott, A. R., Ritchie, M., Wilmut, I., Colman, A., Campbell, K. H. (1997). Human factor IX transgenic sheep produced by transfer of nuclei from transfected fetal fibroblasts. Science 278, 2130-2133.

Sims M. und First, N. L. (1993). Production of calves by transfer of nuclei from cultured inner cell mass cells. Proc. Natl. Acad. Sci. U.S.A. 90, 6143-6147.

Steinborn, R., Zakhartchenko, V., Jelyazkov, J., Klein, D., Wolf, E., Müller, M. und Brem, G. (1998a). Composition of parental mitochondrial DNA in cloned bovine embryos. FEBS Lett. 426, 352-356.

Steinborn, R., Zakhartchenko, V., Wolf, E., Müller, M. und Brem, G. (1998b). Nonbalanced mix of mitochondrial DNA in cloned cattle produced by cytoplast-blastomere fusion. FEBS Lett. 426, 357-361.

Steinborn, R., Müller, M. and Brem, G. (1998c). Genetic variation in functionally important domains of the bovine mtDNA control region. Biochim. Biophys. Acta 1397, 295-304.

Steinborn, R., Schinogl, P., Zakhartchenko, V., Achmann, R., Schernthaner, W., Stojkovic, M., Wolf, E., Müller, M., and Brem, G. (2000). Mitochondrial DNA heteroplasmy in cloned cattle produced by fetal and adult cell cloning. Nature Genetics in press.

Teepker, G. und Smith, C. (1989). Combining clonal response and genetic response in dairy cattle improvement. Anim. Prod. 49, 163-169.

Wells, D. N., Misica, P. M. and Tervit, H. R. (1999). Production of cloned calves following nuclear transfer with cultured adult mural granulosa cells. Biol. Reprod. 60, 996-1005.

Willadsen, S. M. (1986). Nuclear transplantation in sheep embryos. Nature 277, 298-300.

Willadsen, S. M., Janzen, R. E., McAlister, R. J., Shea, B. F., Hamilton, G. und Mc Dermand, D. (1991). The viability of late morulae and blastocysts produced by nuclear transplantation in cattle. Theriogenology 35, 161-170.

Wilmut, I, Schnieke, A. E., McWhir, J., Kind A. J. and Campbell, K. H. (1997). Viable offspring derived from fetal and adult mammalian cells, Nature 385, 810-813.

Wilmut, I., Clark, J. and Harley, C. B. (2000). Laying hold on eternal life? Nat. Biotechnology 18, 599-600.

Wolf, E., Zakhartchenko, V. and Brem, G. (1998). Nuclear transfer in mammals: recent developments and future perspectives. J. Biotechnol. 65, 99-110.

Zakhartchenko, V., Reichenbach, H.-D., Riedl, J., Palma, G. A., Wolf, E. and Brem, G. (1996). Nuclear Transfer in Cattle Using in vivo-Derived vs. In vitro-Produced Donor Embryos: Effect of Developmental Stage. Mol. Reprod. Devel. 44, 493-498.

Zakhartchenko, V., Stojkovic, M., Brem, G. and Wolf, E. (1997). Karyoplast-Cytoplast volume ratio in bovine nuclear transfer embryos: Effect on the developmental potential. Mol. Reprod. Dev. 48, 332-338.

Zakhartchenko, V., Alberio, R., Stojkovic, M., Prelle, K., Schernthaner, W., Stojkovic, P., Wenigerkind, H., Wanke, R., Düchler, M., Steinborn, R., Müller, M., Brem, G. and Wolf, E. (1999a). Adulte cloning in Cattle: Potential of Nuclei from a Permanent Cell Line and from Primary Cultures. Mol. Reprod. Dev. 54, 264-272.

Zakhartchenko, V., Durcova-Hills, G., Stojkovic, M., Schernthaner, W., Prelle, K., Steinborn, R., Müller, M., Brem, G. and Wolf, E. (1999b). Effects of serum starvation and re-cloning on the efficiency of nuclear transfer using bovine fetal fibroblasts. J. Reprod. Fertil. 115, 325-331.

Zakhartchenko, V., Durcova-Hills, G., Schernthaner, W., Stojkovic, M., Reichenbach, H.-D., Müller, S., Prelle, K., Steinborn, R., Müller, M., Wolf, E., and Brem, G. (1999c). Potential of fetal germ cells for nuclear transfer in cattle. Mol. Reprod. Dev. 52, 421-426.

Zakhartchenko, V., Müller, S., Alberio, R., G., Schernthaner, W., Stojkovic, M., Wenigerkind, H., Wanke, R., Lassnig, C., Müller, M., Wolf, E. and Brem, G. (2001). Nuclear transfer in cattle with non-transfected and transfected fetal or cloned transgenic fetal and postnatal fibroblasts. Mol. Reprod. Dev. in press.

Zawada, W. M., Cibelli, J. B., Choi, P. K., Clarkson, E. D., Golueke, P. J., Witta, S. E., Bell, K. P., Kane, J., Abel Ponce de Leon, F., Jerry, J. D., Robl, J. M, Freed, C. R. and Stice, S. L. (1998). Somatic cell cloned transgenic bovine neurons for transplantation in parkinson rats. Nature Medicine 4, 569- 574.

Follikelpunktion in der praktischen Anwendung

Hendrik Wenigerkind

Einleitung

Mit dem breiten Einsatz von kryokonserviertem Sperma in der Rinderzucht ab den 50er Jahren konnte die Selektion auf der väterlichen Seite enorm verbessert werden. Um eine entsprechende Erhöhung der Selektionsintensität auch bei genetisch interessanten weiblichen Rindern zu erreichen, wurde in den 70er Jahren eine weitere Biotechnik, die Superovulation mit anschließender Gewinnung der Embryonen in Form sogenannter MOET-Programme (*Multiple Ovulation and Embryo Transfer*) entwickelt und zur Praxisreife geführt. Mit Hilfe dieser Biotechnik wurde es erstmals möglich, eine deutlich über das physiologische Maß hinausgehende Anzahl Nachkommen von einem Muttertier zur produzieren. So ist es, in Abhängigkeit von individuellen (z.B. Rasse, Alter, Leistung) und technischen (z.B. eingesetzte Hormone, Superovulationsschemata) Faktoren möglich, durchschnittlich 7-15 transfertaugliche Embryonen pro Spülung zu gewinnen. In Verbindung mit der Kryokonservierung dieser Embryonen ergeben sich zudem Erleichterungen bei der Planung und Durchführung ihrer Übertragung auf geeignete Empfängertiere bzw. für den Export oder die Konservierung interessanter Genetik. Mit Embryonen guter Qualität lassen sich erfahrungsgemäß Trächtigkeitsraten von etwa 65% beim Frischtransfer, bzw. 55% nach Kryokonservierung erzielen.

Trotz ständiger Verbesserung dieser Biotechnik, nicht zuletzt Dank des intensiven Erfahrungsaustausches in nationalen und internationalen Arbeitsgemeinschaften und Organisationen, bestehen jedoch nach wie vor noch Probleme, die beispielsweise die Gesundheit bzw. Leistung des Spendertieres oder die Kontinuität sowohl qualitativ als auch quantitativ zufriedenstellender Spülergebnisse betreffen.

Vor diesem Hintergrund und wegen der Fortschritte bei der *in vitro* Produktion boviner Embryonen wurden Ende der 80er, Anfang der 90er Jahre Methoden entwickelt, um mittels Ultraschall (Pieterse et al., 1988; Kruip et al., 1991; Baltussen et al., 1992; Meintjes et al., 1993) oder Endoskopie (Lambert et al., 1983; Fayerrhosken & Stroud, 1989; Reichenbach et al., 1993) unreife Eizellen von lebenden Spendertieren zu entnehmen. Die Aktivitäten am BFZF bei der Entwicklung und praxisbezogenen Anwendung dieser Biotechnik sollen im folgenden dargestellt werden.

Follikelpunktion mit anschließender *in vitro* Produktion boviner Embryonen

Auf den Eierstöcken von Rindern sind physiologischerweise und unabhängig vom Brunstzyklus immer mehrere Tertiärfollikel vorhanden. Die Rekrutierung dieser Follikel aus dem Pool der bereits beim Neugeborenen vorhandenen Primärfollikel erfolgt beim geschlechtsreifen Tier in wellenförmigen Wachstumsphasen (Abb. 10). Die in den Tertiärfollikeln vorhandenen Eizellen können durch Punktion gewonnen, *in vitro* gereift, befruchtet und bis zum Blastozystenstadium kultiviert werden. Eine künstliche hormonelle Stimulation des Follikelwachstums ist hierzu nicht erforderlich. Die

Eizellgewinnung kann mehrmals in 3- bis 4-tägigem Abstand erfolgen, ohne das bei sachgerechter Durchführung Beeinträchtigungen der Fertilität oder einer bestehenden Trächtigkeit zu befürchten sind.

Für den praktischen Einsatz der Follikelpunktion (*Ovum Pick Up, OPU*) mit anschließender *in vitro* Produktion von Embryonen im Rahmen sogenannter OVP-Programme war zunächst die Frage zu klären, welche Art der Eizellgewinnung, die endoskopische oder die ultraschallgestützte, die vorteilhaftere ist. Zu diesem Zweck wurden im Rahmen von Dissertationen eine endoskopische Methode zur Eizellentnahme am lebenden Tier entwickelt (Wiebke, 1993), ihre Effizienz und Praxistauglichkeit sowie ihre Auswirkung auf die Tiergesundheit untersucht (Wenigerkind, 1995) und schließlich mit der ultraschallgestützten Follikelpunktion verglichen (Santl, 1998). Parallel dazu wurde diese Biotechnik als stationärer und ambulanter Service für die Gesellschafter des BFZF angeboten.

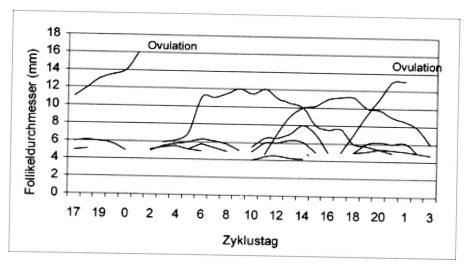

Abb. 10. Schema des Follikelwachstums beim Rind (nach Fortune et al., 1988).

Endoskopische Follikelpunktion (EFP)

Die endoskopisch geführte Follikelpunktion wurde anfangs midventral oder paralumbal (sowohl von links als auch von rechts) durchgeführt (Lambert et al., 1983; Sirard et al., 1985; Laurincik et al., 1991). Für den midventralen Zugang zu den Ovarien ist es notwendig, die Tiere unter Vollnarkose und mit entsprechendem Aufwand in Seiten- bzw. Rückenlage zu bringen. Dieses Verfahren findet heute keine Anwendung mehr. Stubbings et al. (1988) wählten den transvaginalen Zugang zu den Ovarien. Dazu führten sie das Laparoskop per Hand durch einen vorher im Scheidendach angelegten Schnitt (Kolpotomie) in die Bauchhöhle ein. Die Operation wird, ebenso wie bei einem Eingriff von der Flanke aus, am stehenden Tier vorgenommen.

Die von Reichenbach et al. (1994) entwickelte transvaginale Methode kommt dagegen ohne chirurgische Präparation aus. Bei ihr wird die Bauchhöhle durch das Scheidendach trokariert. Durch die Trokarhülse werden Endoskop und Punktionskanüle eingeführt und die Follikel unter Sichtkontrolle von den per rectum fixierten Ovarien aspiriert (Abb. 11).

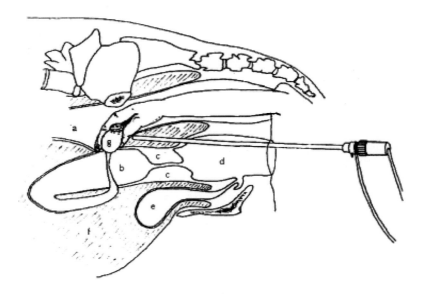

Abb. 11.   Schematische Darstellung der endoskopischen Follikelpunktion beim Rind.

          a) Mastdarm (Rectum) b) Gebärmutter (Uterus) c) Muttermund (Cervix) d) Scheide (Vagina) e) Blase (Vesica urinaria) f) Bauchhöhle (Cavum abdominis) g) Eierstock (Ovar)

Ultrasonografische Follikelpunktion (UFP)

Die Ultrasonografie ermöglicht es, Follikel und Gelbkörper vom übrigen Ovargewebe zu differenzieren (Müller et al., 1986). Bei dem der Humanmedizin entlehnten perkutanen Verfahren können bei Verwendung einer 3,5 MHz Sonde Follikel ab 5 mm Durchmesser bis zu einer Tiefe von ca. 14 cm dargestellt werden. Bei einer Schallfrequenz von 5,0 MHz werden Follikel ab 4 mm, und bei 7,5 MHz bereits ab 1 mm sichtbar, was jedoch zu Lasten der Eindringtiefe der Schallwellen ins Gewebe geht (Van der Schans et al., 1992).

Um diese Nachteile zu umgehen, entwickelten Pieterse et al. (1988) eine transvaginale Methode. Dabei wird die Ultraschallsonde vaginal unmittelbar über dem Muttermund platziert und das Ovar unter rektaler Kontrolle dagegen gedrückt (Abb. 12). Durch ein im Sondenträger befindliches Führungsrohr wird eine Nadel durch das Scheidendach in die Follikel des dahinterliegenden Ovars gestochen und deren Inhalt abgesaugt. Eine von der Software der Kamera auf den Bildschirm projizierte Ziellinie hilft bei der Orientierung (Abb. 13)

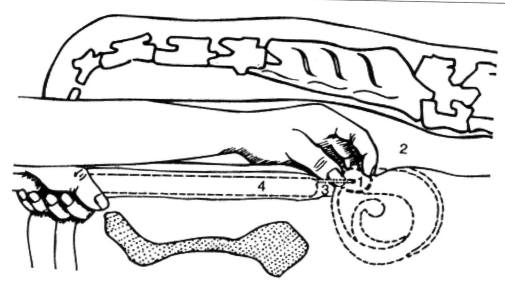

Abb. 12. Schematische Darstellung der ultrasonografischen Follikelpunktion beim Rind.
1) Eierstock (Ovar) 2) Mastdarm (Rectum) 3) Punktionsnadel 4) Sondenträger
2) mit Ultraschallsonde

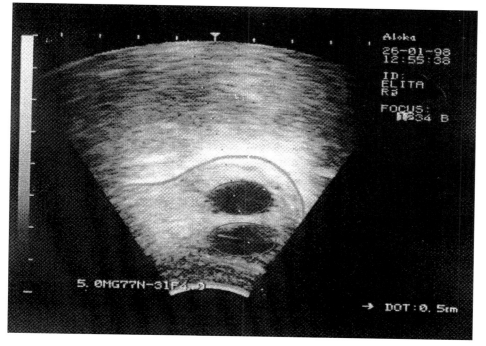

Abb. 13. Ultrasonografische Darstellung eines Ovars mit 2 großen Follikel.

Vergleichende Untersuchungen zur endoskopischen und ultrasonografischen Follikelpunktion

Die am BFZF durchgeführte vergleichende Untersuchung ergab, dass mit der UFP mehr Embryonen pro Zeiteinheit von denselben Tieren produziert werden können, als mit der EFP (Santl, 1998). Das liegt hauptsächlich daran, dass mit der EFP signifikant weniger Eizellen guter Qualität gewonnen werden. Insbesondere der Kumuluszellverband, der die Eizellen umgibt und eine entscheidende Rolle für die Befruchtungsfähigkeit spielt, wird bei der EFP häufig geschädigt. Das hängt damit zusammen, dass es für die endoskopische Darstellung des inneren Genitale notwendig ist, Gas in die Bauchhöhle zu insufflieren, um den darin herrschenden Unterdruck auszugleichen. Wird nun die Punktionskanüle aus einem abgesaugten Follikel gezogen, kann der laminare Flüssigkeitsstrom in der Kanüle abreißen. Die dadurch entstehenden Turbulenzen führen zur partiellen oder totalen Denudierung der Oozyten. Des weiteren erfordert die EFP höhere hygienische Standards und Erfahrung des Operateurs. Die Eizellgewinnung bei einem Tier dauert mit der EFP etwa 25 Minuten, während die ultrasonografische Gewinnung in ca. 10 Minuten abgeschlossen ist.

Auf Grund dieser Ergebnisse und in Hinblick auf eine mögliche ambulante Durchführung der Follikelpunktion wurde ab 1996 im Service nur noch die ultrasonografische Follikelpunktion durchgeführt.

OPU-Programme als Service des BFZF

Als Service bietet das BFZF interessierten Züchtern die Möglichkeit, bei ihren Rindern OPU-Programme durchführen zu lassen. Es beinhaltet die wöchentlich zweimalige Eizellgewinnung, die *in vitro* Produktion der Embryonen und deren Übertragung auf Empfängertiere des BFZF. Die Trächtigkeitsuntersuchungen erfolgen am Tag 28 (ultrasonografisch) und 42 (manuell). Danach werden die trächtigen Empfänger vom Besitzer abgeholt. Die *in vitro* Fertilisation erfolgt mit vom Züchter geliefertem TG-Sperma, wobei die gewünschten Anpaarungen in der Regel mit ihren Zuchtverbänden abgestimmt sind, die diese Biotechnik im Rahmen des Innovativen Zuchtprogramms fördern.

Stationäre OPU-Programme

Mit der kommerziellen Follikelpunktion am BFZF wurde im April 1994 begonnen. In den zur ET-Station in Badersfeld gehörenden beiden Laufställen finden bis zu 20 Spender und 55 Empfänger Platz. Das stationäre OPU-Programm ist für trockenstehende Kühe und Färsen aus IBR-freien Beständen vorgesehen. Die Punktion trächtiger Tiere ist, in Abhängigkeit von den individuellen anatomischen Verhältnissen in der Beckenhöhle, bis etwa zur 12. bis 14. Trächtigkeitswoche möglich.

Bis zum 31.12.2000 wurden 146 Spender, davon 37 Färsen (25%), stationär punktiert. Von den 109 Kühen hatten zum Zeitpunkt ihrer Einstallung etwa 90% Fruchtbarkeitsprobleme. Die Mehrheit der Spender gehörten zu den Rassen Fleckvieh und Braunvieh (Abb. 14).

Die Follikelpunktionen werden in Abstimmung mit dem Züchter und unter Berücksichtigung der bereits erfolgten Transfers wiederholt, zum Teil bis zu mehreren Monaten, durchgeführt. Auf Grund des wellenförmigen Follikelwachstums beim Rind (Abb. 10) sollten zwischen den einzelnen Punktionen nicht mehr als 3 bis 4 Tage liegen. Wird ein längerer Abstand gewählt, z.B. einmal wöchentlich, kommt es in der Regel zur Dominanz eines einzelnen Follikels.

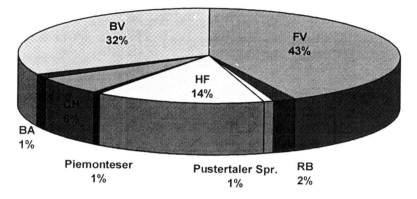

Abb. 14. Rassenzugehörigkeit der Spender.

Dieser produziert Inhibin und andere parakrine (zwischen den Follikeln wirkende) Faktoren, die zur Atresie der ihm untergeordneten Follikel führen (Driancourt, 1991; Law et. Al., 1992; Scanlon et. al., 1993; Webb et al., 1994). Die in ihnen enthaltenen Eizellen degenerieren bzw. verlieren ihre Entwicklungskompetenz. In der Praxis hat sich deshalb die zweimal wöchentliche Punktion, jeweils montags und donnerstags bewährt. Die gewonnen Eizellen können dann nach etwa 24-stündiger *in vitro* Maturation jeweils dienstags und freitags fertilisiert und die Zygoten nach weiterer 7-tägiger *in vitro* Kultur im Blastozystenstadium ebenfalls dienstags und freitags auf zyklussynchrone Empfänger übertragen werden. Die Arbeit an den Wochenenden beschränkt sich auf diese Weise auf das samstägliche sogenannte „auspacken" (Entfernung der Kumuluszellen) der Zygoten aus der Punktion vom Donnerstag und die Brunstinduktion bei den Empfängern für die Punktion am darauffolgenden Montag.

In Tab. 3 sind die Ergebnisse der am BFZF durchgeführten kommerziellen OPU-Programme zusammengefasst.

Die in Spalte j und k angegebenen Trächtigkeiten und Trächtigkeitsraten beziehen sich auf die Empfänger, die zum Zeitpunkt des Verkaufes 50 Tage trächtig waren. Bei der Beurteilung dieser Ergebnisse sind mehrere Faktoren zu berücksichtigen:

1) Fertilitätsstörungen des überwiegenden Teils der Spender zum Zeitpunkt ihrer Aufnahme in ein OVP-Programm
2) Verwendung nährstoffärmerer Medien ab 1997 zur Vermeidung des *large-calf-syndrome*
3) Begrenzte Variationsmöglichkeiten beim Einsatz der Bullen auf Grund der züchterischen Vorgaben

Zu 1) Die Vielfalt der Erkrankungen gestattet keine statistisch gesicherten Rückschlüsse auf ihre Auswirkungen bezüglich der Entwicklungskompetenz der von solchen Spendern stammenden Oozyten. Es ist jedoch davon auszugehen, dass diese Fertilitätsstörungen durch

Tab. 3. Ergebnisse der stationären Follikelpunktion

Jahr	FP total	Spender	FP mit ≥ 1 IVF-taugl. Oozyte		IVF-taugl. Oo./FP	Embryos		ET's frisch/TG	trächtig frisch/TG	TR frisch/TG
	(n)	(n)	(n)	(%)		(Σ)	pro FP	(n)	(n)	(%)
a	b	c	d	e	f	g	h	i	j	k
1994	108	10	88	81,5	2,2	37	0,34	37	10	27
1995	324	32	257	79,3	3,0	276	0,85	235	42	18
1996	385	42	319	82,8	4,8	320	0,83	297	93	31
1997	347	27	215	61,9	1,5	138	0,40	114	37	32
1998	608	42	360	59,2	1,1	318	0,52	212 / 64	72 / 14	34 / 22
1999	662	38	368	55,6	1,2	336	0,51	262 / 55	74 / 9	28 / 16
2000	342	27	212	62,0	1,2	154	0,54	130 / 21	34 / 1	26 / 5

Dysfunktionen des Endokriniums bedingt sind oder solche verursachen, was nicht ohne Auswirkungen auf die Ovarfunktion bleiben kann (s. Tab. 3 Spalten d-f). Erfahrungen anderer IVF-Labors zeigen, dass von gesunden Spendern durchschnittlich mehr als 6 IVF-taugliche Oozyten gewonnen und 1-2 Embryonen pro Punktion produziert werden können (Reinders et al., 1996; Garcia and Salaheddine, 1998; Goodhand et al., 1998).

Zu 2) Bei den am BFZF produzierten Kälbern trat anfangs das sogenannte *large-calf-syndrome* auf, wie es auch von anderen Arbeitsgruppen beschrieben wurde (Wagtendonk-de Leeuw et al., 1998; Merton et al., 1998). Dieses Syndrom ist durch stark erhöhte Geburtsgewichte, verlängerte Trächtigkeiten, Verschiebungen des Geschlechtsverhältnisses zugunsten männlicher Kälber und erhöhte Missbildungsraten der Föten bzw. Eihäute gekennzeichnet. Als Ursache wird u.a. der Zusatz von natürlichen Proteinquellen (i.e.S. fetales Kälberserum) zu den Kulturmedien diskutiert. Das IVF-System wurde deshalb auf nährstoffärmere Medien umgestellt. Das führte zum gewünschten Ziel (s. Tab. 4) ohne die Effizienz des Verfahrens zu beeinträchtigen (s. Tab. 3 und 7 Spalte h).

Bezüglich der Auswirkung verschiedener *in vitro* Kultursysteme wird an dieser Stelle auch auf den Beitrag „Optimierung der *in-vitro*-Produktion von Rinderembryonen" von Dr. M. Stojkovic verwiesen.

Zu 3) Neben individuellen Faktoren wie z.B. Fertilität, Alter und Rasse der Spender (Landsbergen et al., 1995; Wenigerkind et al., 1996; Twagiramungu et al., 1999) und dem verwendeten Kultursystem beeinflussen auch die zum Einsatz kommenden Bullen sowie die jeweilige Anpaarung die Effizienz von OVP-Programmen. Die Tab. 3-5 geben eine Übersicht über die Trächtigkeitsraten ausgewählter Bullen, Spenderkühe bzw. Anpaarungen.

Tab. 4. Geschlecht und Geburtsgewicht *in vitro* produzierter Kälber in Abhängigkeit vom Geburtsgewicht (Glibotic, 2000)

Kulturmedium	Geschlecht			Geburtsgewicht	
	gesamt (n)	männlich (%)	weiblich (%)	gesamt (n)	kg ± s
MPM 199	38	60,5	39,5	35	52,6 ± 7,0[a]
CR 1	34	58,8	41,2	34	48,9 ± 9,0[a,b]
SOF 6	29	41,4	58,6	29	39,6 ± 9,2[c]
SOF 3	105	50,5	49,5	99	45,6 ± 9,9[b]

Werte mit unterschiedlichen Superscripts unterscheiden sich significant (ANOVA: a,b,c $p<0.001$)

Tab. 5. Produzierte Trächtigkeiten ausgewählter Bullen

Bulle	ET's	Trächtigkeiten	TR
Rolo	43	5	11,63%
Report	110	23	20,91%
Horwart	92	22	23,91%
Zoldo	51	15	29,41%
Empereur	94	28	29,79%
Strovanna	113	34	30,09%
Playboy	46	14	30,43%
Horst	22	7	31,82%

(Chi-Test nach Pearson, p=0,24; ohne Rolo p=0,66)

Die Trächtigkeitsraten der ausgewerteten Bullen unterscheiden sich trotz der relativ großen Schwankungsbreite nicht signifikant. Die Aussage, dass Bullen mehr oder weniger gut für die *in vitro* Produktion geeignet sind, erscheint also zumindest für geprüfte Tiere in dieser Form nicht haltbar. Durch die ständige zuchthygienische Überwachung der Bullen ist eine entsprechende Fertilität auch für die *in vitro* Fertilisation gewährleistet. Mängel der Spermaqualität werden zudem durch die *in vitro* Aufbereitung teilweise korrigiert.

Bei den Trächtigkeitsraten der Spender hingegen sind signifikante Unterschiede feststellbar. Ursache hierfür könnten die verschiedenen Fertilitätsstörungen dieser Tiere sein. Zur Überprüfung dieser Hypothese müssten die Trächtigkeitsraten von Spendern mit ungestörter Fertilität ausgewertet werden.

Tab. 6. Produzierte Trächtigkeiten ausgewählter Spender

Eizellspender	ET's	Trächtigkeiten	TR
Hedina	21	2	9,52%
Salina	9	1	11,11%
Zensi	30	6	20,00%
Sabine	18	4	22,22%
Dora	13	3	23,08%
Gamse	39	10	25,64%
Duchesse	15	4	26,67%
Clarine	44	13	29,55%
Rubine	20	7	35,00%
Elsbeth	33	12	36,36%
Akona	18	7	38,89%
Meggi	11	6	54,55%
Conny	9	5	55,56%
Lassie	24	14	58,33%
Brigitte	11	7	63,64%

(Chi-Test nach Person, $p < 0,05$)

Tab. 7. Trächtigkeitsraten bei ausgesuchten Anpaarungen

Bulle / Spender	Anpaarungen (n)	TR der Anpaarungen	Signifikanzniveau
Emperieur	5	14,3% bis 66,7%	$P = 0,10$
Horst	2	8,3% bis 60,0%	$P < 0,05^F$
Horwart	7	0,0% bis 60,0%	$P < 0,01$
Playboy	5	0,0% bis 66,7%	$P < 0,05$
Report	7	0,0% bis 29,4%	$P = 0,85$
Rolo	6	0,0% bis 42,9%	$P = 0,14$
Strovanna	8	0,0% bis 71,4%	$P < 0,05$
Elsbeth	4	0,0% bis 60,0%	$P = 0,22$
Dora	4	0,0% bis 100%	$P < 0,05$
Zensi	2	8,3% bis 29,4%	$P = 0,18^F$
Gamse	3	0,0% bis 38,5%	$P = 0,19$
Rubine	3	16,7% bis 75,0%	$P = 0,17$
Clarine	5	0,0% bis 60,0%	$P = 0,09$

(Chi-Test nach Pearson, F korrigiert nach Fisher und Yates)

Sowohl bei den Bullen als auch bei den Eizellspendern konnten signifikant unterschiedliche Trächtigkeitsraten in Abhängigkeit von der jeweiligen Anpaarung beobachtet werden. Die genaue Ursache hierfür war nicht zu ermitteln. Ein negativer Einfluss zu enger Linienführung ist denkbar. Ein Einfluss der Anpaarung auf die Trächtigkeitsrate (und Blastozystenrate?) könnte auch in konventionellen ET-Programmen für derartige Schwankungen mitverantwortlich sein. Dem sollte bei schlechten Trächtigkeitsraten im Rahmen der züchterischen Vorgaben durch Anpaarung anderer Bullen Rechnung getragen werden. Die Daten lassen weiterhin den Schluss zu, dass morphologische Kriterien bei der Beurteilung *in vitro* produzierter Embryonen allein nicht ausreichen, um Trächtigkeitsraten möglichst geringer Schwankungsbreite zu erzielen.

Die embryonale Mortalität zwischen 28. und 42. Trächtigkeitstag betrug in den Jahren von 1996 bis 2000 durchschnittlich 13,5% und liegt damit im Bereich der von anderen Autoren für IVP-Embryonen angegebenen Abortrate von 11-14% (Reichenbach et al., 1992; Mayne & McEvoy, 1993; Hasler et al., 1995). Gemessen an der Zahl *in vivo* fertilisierter Eizellen am Tag 3 und tatsächlich etablierter Trächtigkeiten am Tag 35 nach Besamung beziffert Vandeplassche (1982) die embryonalen Verluste auf 10-15%. Bezogen auf die Zeitspanne zwischen der 4. und 6. Trächtigkeitswoche dürfte die Abortrate nach künstlicher Besamung jedoch bei 3-5% liegen (Mayne & McEvoy, 1993). Der in 1999 beobachtete Anstieg der Frühaborte auf 22% ist auf einen BVD-Virämiker im Bestand zurückzuführen (Tab. 8).

Tab. 8. Embryonale Mortalität zwischen 28. und 42. Trächtigkeitstag

Jahr	Ultraschalluntersuchung d 28 positiv	Trächtigkeitsuntersuchung d 42 negativ	Abortrate
1996	95	12	12,63%
1997	57	6	10,53%
1998	129	10	7,75%
1999	127	28	22,05%
2000	56	5	8,93%
gesamt	464	61	13,15%

Ambulante OPU-Programme

Am BFZF können keine laktierenden Spender eingestallt werden. Deshalb wurde im Rahmen einer Dissertation die ambulante Follikelpunktion erprobt. Zielstellung war es, das Equipment an ambulante Bedingungen anzupassen und die Maturation der Oozyten möglichst nicht aus dem IVF-Labor zu verlagern. In Vorversuchen wurde deshalb zunächst überprüft, unter welchen Bedingungen und wie lange Oozyten gelagert werden können, ohne ihre Entwicklungskompetenz zu beeinträchtigen (Schernthaner et al., 1998). Die Ergebnisse ließen den Schluß zu, dass die Lagerung bzw. der Transport *ex vivo* gewonnener Oozyten in TL-Hepes bei Raumtemperatur bis zu 5

Stunden möglich ist. Kritisch ist in den Wintermonaten die Zeit zwischen der Gewinnung und dem Raussuchen der Eizellen, da Temperaturen unter 20°C sowie größere Temperaturschwankungen bei unreifen Oozyten die Membranstabilität beeinträchtigen (Arav et al., 1996). Für den eigentlichen Transport eignet sich notfalls sogar eine einfache Isolierbox aus Styropor. Eine Transporttemperatur über 30°C wirkt sich eher negativ auf die Entwicklungskompetenz der Eizellen aus (Schwartz et al., 1998).

In den Jahren 1996/97 wurde das Equipment unter ambulanten Bedingungen getestet und adaptiert. Ab 1998 konnte die ambulante Follikelpunktion dann als Service den Züchtern angeboten werden. Die Ergebnisse sind in Tab. 9 zusammengefasst.

Tab. 9. Ergebnisse der ambulanten Follikelpunktion

Jahr	FP total	Spender	FP mit ≥ 1 IVF-taugl. Oozyte		IVF-taugl. Oo./FP	Embryos		ET's frisch/TG	trächtig frisch/TG	TR frisch/TG
	(n)	(n)	(n)	(%)		(Σ)	pro FP	(n)	(n)	(%)
a	b	c	d	e	f	g	h	i	j	k
1996	24	16	13	54,2	2,4	6	0,25	6	0	0
1997	34	13	27	79,4	2,1	28	0,82	19	3	16
1998	361	150	221	61,2	1,2	216	0,60	121 / 25	40 / 1	33 / 4
1999	162	46	121	74,7	1,9	112	0,69	94 / 13	34 / 2	36 / 15
2000	50	20	30	60,0	1,4	14	0,28	13 / 0		

Unsere Erfahrungen zeigen, dass Leistung und Fertilität der Spender durch die ambulante Follikelpunktion nicht beeinträchtigt werden. Die Ergebnisse verbesserten sich in Abhängigkeit von der Parität und erreichen etwa ab der 4. Laktation ihr Maximum. Die Zeit post partum hatte keinen signifikanten Einfluss auf die Effizienz (Kießling, 2000). Um das Verhältnis Aufwand : Nutzen günstig zu gestalten, sollten möglichst mehrere Tiere auf einem Betrieb punktiert und vorher zuchthygienisch untersucht werden. Das Team besteht idealerweise aus 3 Personen (1 Person im „Labor", 2 Personen punktieren). In dieser Besetzung ist die Mithilfe des Landwirtes nicht nötig! Die Punktion kann sowohl in Anbindehaltung, Laufstallhaltung als auch auf der Weide problemlos durchgeführt werden, sofern Elektrizität, Wasser und eine Möglichkeit zum Fixieren des Spenders vorhanden sind.

Anwendungsmöglichkeiten von OPU-Programmen in der Tierzucht

Die Follikelpunktion mit anschließender *in vitro* Produktion kann züchterisch sinnvoll eingesetzt werden bei 1) Tieren in der Hochlaktation unmittelbar post partum, 2) trächtigen Tieren bis etwa zur 12. Trächtigkeitswoche, 3) Tieren mit Fertilitätsstörungen, 4) notgetöteten oder krankgeschlachteten Tieren, 5) Färsen in der Vornutzung, 6) Kühen in der Endnutzung. OPU-Programme stellen damit eine Ergänzung zu MOET-Programmen dar. Vor dem Hintergrund der Zulassungsprobleme bei geeigneten FSH-Präparaten für den deutschen Markt ist diese Biotechnik eine Alternative, bei deren Einsatz jedoch der nicht unerhebliche organisatorische Aufwand berücksichtigt werden muss.

Die Effizienz des Verfahrens, insbesondere der Tiefgefriertauglichkeit der *in vitro* Embryonen, bedarf der weiteren Verbesserung. Die Produktion eines transfertauglichen Embryos pro Punktion und eine Trächtigkeitsrate von 45% nach Frischtransfer sind ein realistisches Ziel. Der mögliche Nutzen von OPU-Programmen für die Tierzucht ist aber auch davon abhängig, inwiefern es zukünftig gelingen wird, die ambulante Follikelpunktion zu vertretbaren Kosten flächendeckend anzubieten und, wie beispielsweise in Holland (Reinders et al., 1996), in entsprechende Zuchtprogramme zu integrieren.

Literaturverzeichnis

Arav,A., Zeron,Y., Leslie,S. B., Behboodi, E., Anderson, G. B., and Crowe, J. H. (1996): Phase Transition Temperature and Chilling Sensitivity of Bovine Oocytes. Cryobiology, 33:589-599.

Baltussen, R. M. W. J., Vos, P. L. A. M., Pieterse, M. C., de Loos, F. A. M., Bevers, M. M., and Dieleman, S. J. (1992): Transvaginal ultrasound-guided follicle puncture in PMSG/PG - treated cows: A comparison between three puncture needles. 12th Intern.Congress on Anim. Reprod., The Hague,23rd-27th August 1992, 129-131.

Driancourt, M. A. (1991): Follicular dynamics in sheep and cattle. Theriogenology, 35:55-79.

Fayrer-Hosken, R. A. and Stroud, B. (1989): Multiple embryo production in the cow after laparoscopic oocyte collection and oviductal transfer. Theriogenology, Vol 31 No 1 Jan:192-192. (Abstract).

Fortune, J. E., Sirois, J., and Quirk, S. M. (1988): The growth and differentiation of ovarian follicles during the bovine estrous cycle. Theriogenology, Vol 29 No 1 Jan:95-109.

Garcia, A. and Salaheddine, M. (1998): Effects of Repeated Ultrasound-Guided Transvaginal Follicular Aspiration on Bovine Oocyte Recovery and Subsequent Follicular Development. Theriogenology, 50:575-585.

Glibotic, J. (2000): Einfluß verschiedener Kultursysteme für die *in vitro* Produktion von Rinderembryonen auf Trächtigkeitsdauer, Kalbeverlauf sowie Geschlechterverhältnis, Geburtsgewicht und Vitalität der geborenen Kälber. Inaugural-Dissertation, Tierärztliche Fakultät der Ludwig-Maximilians Universität München.

Goodhand, K. L., Watt, R. G., Staines, M. E., Hutchinson, J. S. and Broadbent, P. J. (1999): In vivo oocyte recovery and *in vitro* embryo production from bovine donors aspirated at different frequencies or following FSH treatment. Theriogenology, 51:951-961.

Hasler, J. F., Henderson, W. B., Hurtgen, P. J., Jin, Z. Q. and McCauley, A. D. (1995): Production, freezing and transfer of bovine IVF embryos and subsequent calving results. Theriogenology, 43:141-152.

Kießling, S.(2000): Ambulante Follikelpunktion beim Rind-Eine Feldstudie. Inaugural-Dissertation, Tierärztliche Fakultät der Ludwig-Maximilians Universität München.

Kruip, T. A. M., Pieterse, M. C., van Beneden, T. H., Vos, P. L. A. M., Wurth,Y. A. and Taverne, M. A. M. (1991): A new method for bovine embryo production: a potential alternative to superovulation. Vet.Rec., Vol 128:208-210.

Lambert, R. D., Bernard, C., Rioux, J. E., Beland, R., Damours, D., and Montreuil, A. (1983): Endoscopy in cattle by the paralumbar route: Technique for ovarian examination and follicular aspiration. Theriogenology, Vol 20 No 2 Aug:149-161.

Lansbergen, L. M. T. E., van Wagtendonk-de Leeuw, A. M., den Daas, J. H. G., de Ruigh, L., Van der Streek, G., Reinders, J. M. C., Aarts, M. and Rodewijk, J. (1995): Factors Affecting Ovum Pick-Up in Cattle. Theriogenology, 43:259, abstr.

Laurincik, J., Picha, J., Pichova, D. and Oberfranc, M. (1991): Timing of laparoscopic aspiration of preovulatory oocytes in heifers. Theriogenology, Vol 35 No 2 Feb:415-423.

Law, A. S., Baxter, G., Logue , D. N., O'Sheat, T. and Webb, R. (1992): Evidence for the action of bovine follicular fluid factor(s) other than inhibin in suppressing follicular development and delaying oestrus in heifers. J.Reprod.Fert., 96(2):603-616.

Mayne, C. S. and McEvoy, J. (1993): *In vitro* fertilized embryos: implications for the dairy herd. Vet Annl, 75-83.

Meintjes, M., Bellow, M. S., Broussard, J. R., Paul, J. B. and Godke, R. A. (1993): Transvaginal aspiration of bovine oocytes from hormon-Treated pregnant beef cattle for IVF. Theriogenology, 39:266-266.

Merton, J. S., van Wagtendonk-de Leeuw, A. M. and den Daas, J. H. (1998): Factors affecting birth weight of IVP calves. Theriogenology, 49:293 (Abstract).

Müller, M., Rath, D., Klug, E. and Merkt, H. (1986): Die Anwendbarkeit der Sonographie zur Diagnostik am weiblichen Genitale des Rindes. Berl.Münch.Tierärztl.Wschr., 99:311-318.

Pieterse, M. C., Kappen, K. A., Kruip, T. A. M. and Taverne, M. A. M. (1988): Aspiration of bovine oozytes during transvaginal ultrasound scanning of the ovaries. Theriogenology, Vol 30 No 4 Oct:751-762.

Reichenbach, H.-D., Wiebke, N. H., Besenfelder, U. H., Mödl, J. and Brem, G. (1993): Transvaginal laparoscopic guided aspiration of bovine follicular oocytes: Preliminary results. Theriogenology, 39 No 1:295-295.(Abstract).

Reichenbach, H. D., Liebrich, J., Berg, U. and Brem, G. (1992): Pregnancy rates and births after unilateral or bilateral transfer of bovine embryos produced *in vitro*. J.Reprod.Fertil., 95:363-370.

Reichenbach, H. D., Wiebke, N. H., Modl, J., Zhu, J. and Brem, G. (1994): Laparoscopy through the vaginal fornix of cows for the repeated aspiration of follicular oocytes. Vet.Rec., 135:353-356.

Reinders, J. M. C. and van Wagtendonk-de Leeuw, A. M. (1996): Improvement of a MOET Program by Addition of *In vitro* Production of Embryos after Ovum Pick Up from Pregnant Donor Heifers. Theriogenology, 45:354 (Abstract).

Santl, B. (2001): Vergleichende Untersuchungen zur *ex vivo* Gewinnung boviner Kumulus-Oozyten-Komplexe durch transvaginale endoskopisch- oder ultrasonographisch geführte Follikelpunktion. Inaugural-Dissertation, Tierärztliche Fakultät der Ludwig-Maximilians Universität München.

Scanlon, A. R., Sunderland, S. J., Martin, T. L., Goulding, D., O'Callaghan, D., Williams, D. H., Headon, D. R., Boland, M. P., Ireland, J. J. and Roche, J. F. (1993): Active immunization of heifers against a synthetic fragment of bovine inhibin. J. Reprod. Fertil., 97:213-222.

Schernthaner, W., Wenigerkind, H., Boxhammer, K., Jung, P., Stojkovic, M., and Wolf, E. (1998): Storage of bovine oocytes after ultrasound guided follicle aspiration: Effects on developmental competence. 242. 14e Reunion A. E. T. E., Venice 11.-12. Sept.

Schwartz, J., Schneider, M. R., Rodrigues, J. L. and Reichenbach, H.-D. (1998): Effect of short-term storage of bovine oocytes in different media and temperatures on the subsequent *in vitro* embryo development. Theriogenology, 49:217(Abstract).

Sirard, M. A., Lambert, R. D., Beland, R. and Bernard, C. (1985): The effects of repeated laparoscopic surgery used for ovarian examination and follicular aspiration in cows. Anim. Reprod. Sci., Vol 9:25-30.

Stubbings, R. B., Armstrong, D. T., Beriault, R. A. and Basrur, P. K. (1988): A method for aspirating bovine oocytes from small vesicular follicles: Preliminary results. Theriogenology, Vol 29 No 1 Jan:312-312.(Abstract).

Twagiramungu, H., Morin, N., Brisson, C., Carbonneau, G. and Durocher, J. B. D. (1999): Animal factors that influence the *in vitro* production of bovine embryos. Theriogenology, 51:334(Abstract).

Van der Schans, A., Van Rens,.B. T. T. M., Van der Westerlaken, L. A. J. and de Wit, A. A. C. (1992): Bovine embryo production by repeated transvaginal oocyte collection and *in vitro* fertilization. 12th Intern.Congress on Anim.Reprod.,The Hague,23rd-27th august 1992, 1366-1368.

Van Wagtendonk-de Leeuw, A. M., Aerts, B. J. and den Daas, J. H. (1998): Abnormal offspring following *in vitro* production of bovine preimplantation embryos: a field study. Theriogenology, 49:883-894.

Vandeplassche, M. (1982): Embryonale Mortalität. In: Fertilitätsstörungen beim weiblichen Rind, edited by E. Grunert, et al, pp. 374Verlag Paul Parey, Berlin und Hamburg.

Webb, R., Ging, J. G. and Bramley,T.A. (1994): Role of growth hormone and intrafollicular peptides in follicle development in cattle. Theriogenology, 41:25-30.

Wenigerkind, H. (1995): Untersuchungen zur *ex vivo* Gewinnung boviner Kumulus-Oozyten-Komplexe mittels endoskopisch geführter Follikelpunktion. Inaugural-Dissertation. Inaugural-Dissertation, Tierärztliche Fakultät der Ludwig-Maximilians Universität München.

Wiebke, N. H. (1993): *Ex vivo* Gewinnung boviner Cumulus-Oozyten Komplexe durch transvaginale, laparoskopisch geführte Follikelpunktion. München, Inaugural-Dissertation, Tierärztliche Fakultät der Ludwig-Maximilians Universität München.

Optimierung bei der *in vitro* Produktion von Rinderembryonen

Miodrag Stojkovic, Valeri Zakhartchenko und Eckhard Wolf

Einleitung

Bereits seit Ende der 40-er Jahre wird die *in vitro* Produktion (IVP) von Embryonen wissenschaftlich untersucht, wobei die Maus als Modelltier diente. Erst in den 70-er Jahren richtete sich das Interesse auf die IVP anderer Säugetierspezies, wie Kaninchen, Ratte, Nutztierspezies (Schwein, Schaf und Rind) und sogar den Menschen. Beim Rind wurde zum ersten Mal 1982 von der Geburt des ersten Kalbes aus der *in vitro* Befruchtung von in vivo gereiften Eizellen berichtet (Brackett et al., 1982).

Die Geschichte der IVP lässt sich in vier Aktivitätsperioden aufteilen:

1. Pionierperiode

2. Klassische Periode

3. Latente Periode

4. Renaissance Periode

Die Pionierperiode begann 1949, als es Hammond gelang, Mäuseeizellen *in vitro* zu reifen. Das erste Kulturmedium für Mäuseembryonen wurde allerdings erst 1956 von Whitten beschrieben. Innovativ waren der Einsatz von bovinem Serumalbumin (BSA) und eines CO_2-Bikarbonat Puffersystems, zwei Komponenten die auch heute noch zu den Standardkomponenten vieler Kultursysteme, auch für andere Tierspezies, gehören.

Während der klassischen Periode in den 60-er und frühen 70-er Jahren wurden die Effekte von Pyruvat und Laktat auf den Energiemetabolismus der Embryonen erkannt. Mit Hilfe weiterer Untersuchungen wurde das Konzept der Substrat-Triade, bestehend aus Glukose, Pyruvat, und Laktat entwickelt (Whittingham und Biggers, 1967).

Ende der 70-er Jahre traten die Forschungen auf dem Gebiet der IVP in die latente Periode ein. Die meisten Studien aus dieser Zeit basieren auf der Annahme, dass die Grundbedürfnisse von Mäuseembryonen grundsätzlich auf alle Tierarten übertragbar sind.

Von 1987 bis heute dauert die sogenannte Renaissance Periode an, in der man den Nährstoffbedarf, den Metabolismus und die Genexpression der Embryonen, sowie die Entwicklung einer neuen Generation von serumfreien/chemisch definierten Reifungs- und Kulturmedien untersucht und forciert.

Durch das kommerzielle IVP-Programm ist es inzwischen möglich, eine große Anzahl vitaler Embryonen zu produzieren. Dies geschieht zum einen durch die *ex vivo* Gewinnung von Eizellen mit Hilfe der transvaginalen, ultraschallgeleiteten oder laparaskopischen Follikelpunktion (Santl et al. 1998). Auch post mortem werden aus Schlachtovarien von Elitekühen Eizellen gewonnen. Anderseits wird unbekanntes Schlachthofmaterial zusätzlich für wissenschaftliche Zwecke verwendet, um die *in vitro* Bedingungen zu optimieren und die Qualität der gewonnen Embryonen zu verbessern.

In vitro Produktion von Rinderembryonen

Die IVP von Rinderembryonen beinhaltet drei Schritte:

1) *in-vitro*-Reifung der Eizellen,

2*)* *in-vitro*-Befruchtung der Eizellen und

3) *in-vitro*-Kultur der Embryonen.

Alle drei Schritte sind sehr wichtig für das weitere Entwicklungspotential der Embryonen nach dem Embryotransfer, aber die *in vitro* Reifung und vor allem der längste Schritt, die *in vitro* Kultur, müssen wesentlich verbessert werden um die Qualität und Vitalität der transfertauglichen Embryonen und damit die Trächtigkeitsrate zu steigern. Auf Grund der suboptimalen *in vitro* Bedingungen ist die Trächtigkeitsrate immer noch nicht zufriedenstellend und abhängig davon, welche *in vitro* Bedingungen angewendet wurden, beträgt die Trächtigkeitsrate bei *in vitro* produzierten Rinderembryonen zwischen 40-60% (Van Wagtendonk de Leeuw et al., 2000).

Für eine erfolgreiche *in vitro* Reifung müssen die Eizellen eine komplette nukleare und zytoplasmatische Reifung vollenden. Die zytoplasmatische Reifung zeigt sich durch Reorganisierung und kontinuierliche metabolische Aktivität der Mitochondrien (Van Blerkom und Runner, 1984; Stojkovic et al., 2001a). Unterschiedliche Klassen von Eizellen (Abb. 15) haben auch ein unterschiedliches Potential Mitochondrien zu reorganisieren (Abb. 16) und den nötigen energetischen (ATP-Gehalt) Status zu erhöhen. Eizellen schlechtere Klasse (3 und 4) können Mitochondrien nicht reorganisieren (Abb. 16) und zeigen wesentlich weniger ATP-Gehalt als morphologisch bessere (Klasse 1 und 2) Eizellen. Zusätzlich resultieren Eizellen der Klasse 1 und 2 nach der *in vitro* Fertilisierung in einer höheren Blastozystenrate als solche der Klasse 3 und 4. Diese Blastozysten haben außerdem auch mehr Zellen, einen höheren ATP-Gehalt und schlüpfen besser (Stojkovic et al., 2001a).

Probleme der *in vitro* Produktion von Rinderembryonen

Leider ist bis heute das Wissen über die Bedürfnisse präimplantativer Embryonalstadien beim Rind noch unvollständig. Während die Entwicklung bis zum 8-Zellstadium bei *ex vivo* gewonnenen und *in vitro* produzierten Wiederkäuerembryonen analog verläuft, ist die Entwicklung *in vitro* produzierter Embryonen ab dem vierten Zellzyklus retardiert. Dies manifestiert sich in einer reduzierten Zellzahl sowie in eingeschränkter Vitalität und Stoffwechseltätigkeit der IVP-Embryonen. Bei *in vitro* produzierten Rinderembryonen, die unter konventionellen *in vitro* Kulturbedingungen kultiviert wurden, zeigte sich, dass sie sich nur bis zum 8-16-Zellstadium entwickeln können (Eystone und First, 1989). Dieser irreversibeler Zellteilungsblock steht offensichtlich in Zusammenhang mit der Aktivierung

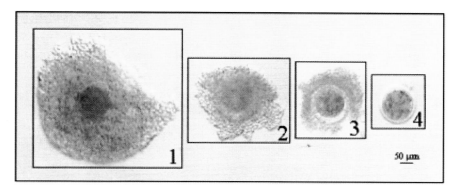

Abb. 15. Vier verschiedene Klassen von *in vitro* gereiften Rindereizellen.

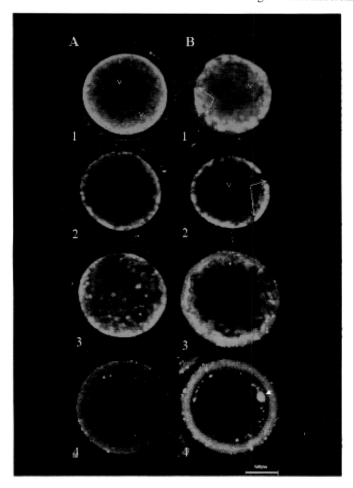

Abb. 16. Vier Klassen (1-4) der nicht (A) und *in vitro* gereiften (B) Rindereizellen.
Mitochondrien wurden mit MitoTracker green gefärbt.

des embryonalen Genoms. Aus Untersuchungen von Eystone und First (1991) ist bekannt, dass beim Rind nur Embryonen, die bereits im 4- bis 8-Zellstadium den *in vitro* Kulturbedingungen ausgesetzt waren, eine signifikante Anfälligkeit für die Ausbildung eines Zellteilungsblocks aufwiesen.

Diese ausgeprägte Empfindlichkeit der Embryonen gegenüber dem Milieu einer *in vitro* Kultur fällt zeitlich mit quantitativen und qualitativen Veränderungen in der Proteinsynthese während des vierten Zellzyklus zusammen (Betteridge und Flechon, 1988). Das Auftreten einer kleinen Gruppe embryonaler Proteine und das gleichzeitige Verschwinden bestimmter maternaler Proteine weisen auf den Beginn erster transkriptionell regulierter Ereignisse der frühen Embryogenese hin (Barnes und Eystone, 1990, Viuff et al., 1996). In vivo fällt diese sensible embryonale Phase mit einer Milieuveränderung zusammen, da beim Rind zu diesem Zeitpunkt der Übertritt des Embryos vom Eileiter in den Uterus erfolgt (Bavister et al., 1992).

Die Überwindung des 8-16 Zellteilungsblocks (Abb. 17) war das größte Problem für die IVP von Rinderembryonen (Bavister, 1995, Thompson, 1997). Nachdem in mehreren Versuchen Embryonen mit verschiedenen somatischen Zellen (Cumulus-, Granulosa-, Trophoblast-, BRL-, Vero-, Eileiter- und Uteruszellen) kokultiviert und damit dieser Block überwunden werden konnte, folgten Ergebnisse mit einer Ausbeute von 30-40% transfertauglichen Embryonen (Blastozysten, Abb. 18).

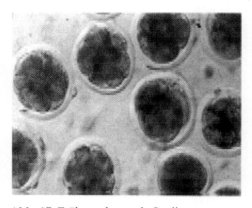
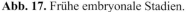
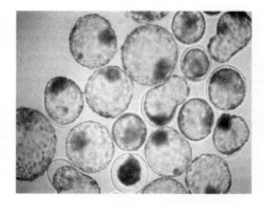

Abb. 17. Frühe embryonale Stadien.   **Abb. 18.** *In vitro* produzierte Blastozysten.

Ein weiterer Schritt bei der Etablierung der Kulturmedien stellen konditionierte Medien (Stojkovic et al., 1997a, 1997b) dar. Somatische Zellen produzieren embryotrophe Substanzen und entfernen gleichzeitig toxische Stoffe aus dem Medium (Bavister, 1995, Stojkovic et al., 1997a, 1997b). Schließlich waren dann Mitte der 90-er Jahre zellfreie Kultursysteme immer häufiger vertreten, leider immer noch mit Serumzugabe.

Verwendung von Serum und Serumderivaten für die *in vitro* Kultur von Rinderembryonen

Eine andere Möglichkeit der Kultur von Embryonen besteht in der Verwendung sogenannter nicht definierter (mit Serum oder Serumderivaten als Proteinzusatz) bzw. chemisch definierter Medien. Als Serumzusatz benutzt man am häufigsten fötales Kalbserum (FKS) oder Serum östrischer Kühe (OCS). Als Proteinquelle wird in der konventionellen *in vitro* Produktion von Rinderembryonen den Medien Serum in einer Größenordnung von 2-20% zugesetzt. Seren enthalten eine Vielzahl von Komponenten, wie Proteine, Mineralstoffe, Spurenelemente, Vitamine, Aminosäuren, Energiesubstrate, Wachstumsfaktoren, Salze, Puffersubstanzen und einige undefinierbare Moleküle (Gardner et al., 1994). Der Mechanismus, wie Serum die Embryoentwicklung stimuliert, ist noch unbekannt, aber Wachstumsfaktoren (Schultz und Heyner, 1993) und Aminosäuren (Spindle, 1980) fördern diesen Effekt noch - vielleicht auch - weil Serum als Antioxidans wirkt (Bavister, 1995). Serum besitzt ein riesiges Reservoir an Wachstumsfaktoren und kann sogar zu einer Überexpression an Wachstumsfaktoren führen (Mc Laughlin et al., 1990). Außerdem enthält Serum eine Vielzahl von Hormonen. So wurde bovines Serum von Younis et al. (1989) auf den Gehalt an Oestradiol, Progesteron, LH und Prolaktin untersucht. Serum, das am Tag 20 des Zyklus (=D20) gewonnen wurde, schien im Oestradiol- und Progesterongehalt dem D0-Serum ähnlich zu sein, aber sehr viel höher im LH- und Prolaktingehalt.

Die Verwendung von Serum führt zwar zu einer erhöhten Blastozysten- und Schlupfrate (Bavister, 1995) und Zellzahl (Thompson et al., 1992) hat aber auch negative Effekte. Das heißt, dass das Serum auf die Entwicklung der frühen embryonalen Stadien einen biphasischen Einfluss hat: es verhindert die erste Zellteilung, hat keinen guten Effekt vom Zwei-Zell- bis zum Morulastadium, fördert aber die Blastozystenentwicklung (Pinyopummintr und Bavister, 1991, Takagi et al., 1991, Takahashi und First, 1992, Thompson et al., 1992, Pinyopummintr und Bavister, 1994, Shamsuddin und Rodriguez-Martinez, 1994, Bavister, 1995, Van Langendonckt et al., 1997). Neben schon erwähnten nützlichen Komponenten und Chelatinbildnern für Schweremetalle, enthält das Serum viele noch undefinierte oder auch toxische Substanzen, mit denen die Embryonen unter in vivo Bedingungen niemals in Kontakt kommen (Leese, 1988, Gardner, 1998). Dadurch weisen Embryonen, die mit Serum kultiviert wurden im Vergleich zu *ex vivo*- oder Embryonen, die unter serumfreien Kulturbedingungen gewonnen wurden, einige morphologische Unterschiede auf (Gardner et al., 1994, Thompson et al., 1995), wie frühzeitige Blastulation (Walker et al., 1992, Thompson et al., 1995), Besitz von mehr vesikulären Einschlüssen, Lipidtropfen (Dorland et al., 1994, Abe et al., 1999, Stojkovic et al., 2001b), metabolische Unterschiede (exzessive Laktatproduktion, mehr ATP-Gehalt, Gardner et al., 1994, Stojkovic et al. nicht publizierte Daten) und Unterschiede auf mRNA-Ebene (Niemann und Wrenzycki, 2000).

Abb. 19 zeigt die Ultrastruktur von Rinderembryonen, die mit OCS oder BSA kultiviert wurden (Stojkovic et al., 2001b). Embryonen, die mit Serum kultiviert wurden, weisen einen wesentlich höheren Lipidgehalt auf, als Embryonen, die mit BSA kultiviert wurden.

Der hohe Lipidgehalt ist sicher, wie bei Schweineembryonen (Nagashima et al., 1995) für ihre erhöhte Sensibilität gegenüber gängigen Kryokonservierungsmethoden verantwortlich. Aufgrund des hohen Lipidgehaltes kommt es zu einer ungleichmäßigen intrazellulären Eiskristallbildung und damit zu einer Zellschädigung während der Kryokonservierung (Niemann et al., 1993). Shamsuddin et al. (1994) beschreiben eine signifikant höhere Einfriertauglichkeit von Rinderembryonen, die ohne Serum und mit BSA kultiviert wurden (16,7 % mit BSA; 3,7 % mit OCS; in vivo produzierte Embryonen: 80 %). Zusätzlich führt das Serum beim Rind auch zu verlängerten Trächtigkeitszeiten (im Durchschnitt zwei Tage zu spät), zu signifikant höheren Geburtsgewichten und zu einer nicht zu akzeptierenden Anzahl neonataler Todesfälle (Übersicht in Gardner, 1998, Van Wagtendonk de Leeuw, 1998). Die *in vitro* Kultur von Embryonen in der Gegenwart von Serum führt zur Geburt größerer Nachkommen (Large Offspring Syndrom, LOS) beim Schaf (Thompson et al., 1995, Walker et al., 1992, Young et al., 1998) und beim Rind (Farin und Farin, 1995, Van Wangtendonk de Leeuw, 1998, 2000). Dieses Phänomen beruht vermutlich darauf, dass die bei der IVP notwendige Manipulation und Kulturbedingungen die Transkription eines oder mehrerer Gene, die für die frühembryonale Entwicklung wichtig sind, beeinflusst (Young und Fairburn, 2000). Dies ist auch ein Grund dafür, warum solche Trächtigkeiten in einer höheren Rate an Hydroallantois und kongenitalen Missbildungen wie abnormale Gliedmaße und Wirbelsäuledeformationen resultieren (Van Wangtendonk de Leeuw, 1998). Ähnliche fötale Übergröße wurde auch bei Menschen und Mäusen notiert, welche durch die Überexpression von einigen Genen, die einem imprinteten Genomics (exprimiert von nur einem parenteralen Allel) unterliegen, wie *H19, Igf2, Igf2r* hervorgerufen wurden (Eggenschwiler et al., 1997, Leighton et al., 1995, Wang et al., 1994). Das Simpson-Golabi-Behmel Syndrom, das sich auch durch eine Entwicklungsübergröße zeigt, wird durch Mutationen in X-linked Lokus von Glypican 3, ein Zelloberfläche Proteoglycanmolekül, verursacht (Pilia et al., 1996). Eine Abwesenheit des Imprinitingprozesses und dadurch eine biallele Expression von *Igf2* wurde schon bei der Fötalenübergröße in dem Beckwith-Wiedemann Syndrom beim Menschen beschrieben (Reik und Maher, 1997).

Beim Schaf ist eine reduzierte fötale DNA-Methylierung und Expression von ovinem *Igf2r* bei LOS Nachkommen durch die *in vitro* Kultur von Embryonen verursacht (Young et al., 2001). Deshalb sind optimale *in vitro* Bedingungen notwendig um solche 'falschen' Genexpressionen zu vermeiden. Außerdem kann auch Serum infektiöse Partikel enthalten, so kann durch Serum Viren übertragen werden (Takahashi und First, 1992, Rose-Hellekant et al., 1998).

Aus diesen Gründen strebt man an, auf die Verwendung von Serum in der IVP von Embryonen möglichst zu verzichten und es durch geeignetere und unschädliche Faktoren zu ersetzen, indem man chemisch definierte Kulturbedingungen verwendet.

Semidefinierte und chemisch definierte Kulturbedingungen

Anstelle von Serum wird oft für die Kultur von Rinderembryonen BSA verwendet. Der Einsatz von BSA in der IVP von Rinderembryonen ist naheliegend, da es in den Sekreten des Reproduktionstraktes das überwiegend vorkommende Protein ist (Leese, 1988). Aber bei den kommerziell zu erhaltenden BSA-Präparaten handelt es sich meist um lyophilisierte

Serumfraktionen, denen während der Behandlung noch einige nichtbiologische Kontaminanten beigemischt werden. So ist bekannt, dass verschiedene, kommerziell erhältliche BSA-Fraktionen Wachstumsfaktoren, Citrat und Endotoxine enthalten. Deshalb versucht man die Kulturmedien mit rekombinanten nicht tierischen und toxinfreien Substanzen zu bereichern.

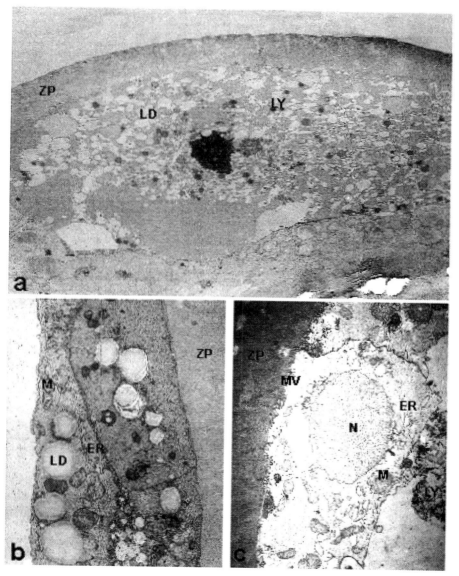

Abb. 19. Elektronenmikroskopie von Tag 8 Rinderblastozysten, kultiviert in OCS (a, b) und in BSA (c). ER-endoplasmatisches Retikulum; LD-Fettvakuolen; LY-Lysosomen; M-Mitochondrien; MV-Mikrovilli; N-Nukleus; ZP-Zona pellucida; Vergrößerung x 2100 (a), x 3100 (b, c)

Hyaluronsäure (HS) und ihre Rolle bei der Embryonalentwicklung

Ein solcher Zusatz für die Kultur von Rinderembryonen ist die Hyaluronsäure (Stojkovic et al., 1999a) oder Na-Hyaluronat (Na-Salz der Hyaluronsäure, Stojkovic et al., 2001b). Hyaluronsäure (HS) ist ein saures Mucopolysaccharid, das in allen Geweben und Körperflüssigkeiten von Vertebraten und in einigen Bakterien nachgewiesen wurde.

HS ist eines der am reichlichsten vorhandenen Glycosaminoglycane im weiblichen Reproduktionstrakt (Jensen und Zachariae, 1958, Lee und Ax, 1984, Sato et al., 1987, Archibong et al., 1989, Suchanek et al., 1994). Sie ist in Uterus-, Ovidukt- und Follikelflüssigkeit nachgewiesen (Ax und Ryan, 1979). Die physiologische Konzentration von HS in porciner Eileiterflüssigkeit beträgt 0,04-1,83 mg/ml (entspricht 16% aller Glucosaminoglycane) und 0,32-0,59 mg/ml (entspricht 39% aller Glucosaminoglycane) in der Uterusflüssigkeit (Kano et al., 1998). HS wird auch von den Kumulus- und Granulosazellen synthetisiert (Ax und Ryan, 1979) und die Synthese steigt nach Gonadotropinstimulation (Eppig, 1979, Bellini, et al., 1985, Suchanek et al., 1994). Außerdem fördert HS signifikant die Differenzierung der extraembryonalen Strukturen des Embryos (Surani, 1979, Atienza-Samols et al., 1980). Aber es ist noch nicht bekannt, ob HS per se die Entwicklung von Embryonen fördert bzw. positiv beeinflusst, oder durch die Regulierung von Faktoren, die der Embryo produziert. Sicher ist aber, dass in fetalen Geweben mehr HS vorhanden ist, als in erwachsenen (Laurent und Fraser, 1992, Delpech et al., 1997), da sie, während der Morphogenese, zu einem Stadium der extensiven Zellmigration im Gewebe akkumuliert und dann enzymattisch entfernt wird (Toole, 1981).

Anwendung von HS für die *in vitro* Produktion

Schon 1982 untersuchte Hamasima den Effekt von HS auf die Entwicklung von Mäusembryonen unter *in vitro* Bedingungen. Er stellte fest, dass Zelloberflächen-glycoproteine eine wichtige Rolle spielen beim Schlüpfen der Blastozysten und beim Wachstum des Trophektoderm. In der Humanmedizin wurde oft der Einfluss von HS auf die Spermamotilität, die Akrosomenreaktion und die Kapazitation untersucht (Kornovski et al., 1994, Merzel, 1985). Man stellte fest, dass HS im swim up Medium zu einer verbesserten Fertilisations-, Teilungs- und Schwangerschaftsrate beim Menschen führt (Sjoblom und Wikland, 1991, Hamamah et al., 1996). Zugegeben im Kulturmedium verhindert die HS dosisabhängig die Degeneration von kumulusfreien Mauseizellen (Sato et al., 1987). Die Vitalität der Eizellen ist ausschlaggebend für deren Fähigkeit vollständig zu reifen und damit auch Voraussetzung für eine erfolgreiche Fertilisation. Außerdem fördert die HS die Entwicklung von porcinen Ein- und Zwei-Zell-Embryonen bis zum Blastozystenstadium (Miyano et al., 1994, Kano et al., 1998). Ähnliche Ergebnisse wurden bei der Kultur von humanen (Gardner et al., 1998) und bovinen Embryonen (Furnus et al., 1998, Stojkovic et al., 1999a) erzielt. Gardner et al. (1998) konnten die Blastozystenrate bei der Kultur von humanen Embryonen mit HS und ohne Serum erhöhen. Auch eine sehr hohe HS-Konzentration (6 mg/ml) in einer Two-Step-Rinderembryo-Kultur ohne Serumzusatz resultierte in einer erhöhten Blastozystenrate (Stojkovic et al. 1999a). Die Autoren stellten fest, dass HS nur die Entwicklung von Rinderembryonen fördert, wenn sie im zweiten Teil der Kultur (Tag 5) zugegeben wird. Etwa 50% der so kultivierten Embryonen entwickelten sich bis zum Blastozystenstadium, ohne HS waren es mit 32,9 % Blastozysten signifikant weniger.

HS besitzt eine bemerkenswerte Fähigkeit Wasser anzuziehen und zu halten und spielt aus diesem Grund eine wichtige Rolle in der Wasserhomeostase, was für die Schaffung von Viskosität und Elastizität entscheidend ist. Eine 1%-ige Lösung von HS ist 500000 mal visköser als Wasser (Fraser et al., 1997). Seine physiologische und physische Wirkungen sind die Erklärung, warum Rinderembryonen mit HS kultiviert besser die Kryokonservierung überleben, als Embryonen, die nicht mit HS kultiviert wurden (Stojkovic et al., 2001c).

In vitro Bedingungen und frühe embryonale Mortalität

Wie wichtig die *in vitro* Kultur und die Präimplantationsphase ist, zeigt uns die Tatsache, dass sie eine Vielzahl von Ereignissen von vitaler Bedeutung, nicht nur die Zellteilung und die Aktivierung des embryonalen Genoms, sondern auch die Kompaktierung der Blastomeren im Morulastadium, die Differenzierung der Trophektodermzellen, sowie die damit verbundene Bildung und Expansion des Blastocoels und schließlich das Schlüpfen aus der Zona pellucida (Bavister, 1995, Stojkovic, 2001c) umfassen. Deshalb gewinnt die *in vitro* Forschung an frühen embryonalen Stadien vom Rind immer mehr an Bedeutung, aber auch aus dem Grund, dass der Verlust von IVP-Embryonen im frühen Graviditätsstadium ein großes ökonomisches Problem darstellt. Bei Rindern liegt die höchste Rate der Embryomortalität zwischen dem Tag 14 und Tag 17 nach der Ovulation (Sreenan und Diskin, 1986). Das ist ein Zeitraum, in dem der Embryo Signale, die eine Luteolyse verhindern, aussenden muss (Roberts et al., 1995). Welche Mechanismen dafür verantwortlich sind, ist noch nicht im Detail bekannt. Ein Faktor, der in letzter Zeit verstärkt erforsch wurde, ist das Interferon Tau (IFNt), das bei Wiederkäuerembryonen ab dem Blastozystenstadium von der Trophoblastzellen produziert wird (Hernandez-Ledezma et al., 1992, Stojkovic et al., 1995) und eine wichtige Rolle für die Aufrechterhaltung einer Trächtigkeit spielt indem IFNτ den Abbau des Corpus luteum verhindert. Die mRNA Expression (Wrenzycki et al., 1998) von IFNt und dessen Sekretion (Stojkovic et al., 1995) und ist bei *in vitro* produzierten Rinderembryonen von den Kulturbedingungen (Stojkovic et al., 1995) und der Herkunft der Embryonen abhängig (Stojkovic et al., 1999b). Die Unterschiede bei den *in vitro* Kulturbedingungen können auch zu der Malformationen in einigen Genen führen und frühe (*Peg1/Mest*), mittlere (*Igf2*) oder neonatale (*Peg3, Igf2r*) Embryo- oder Fötalmortalität verursachen (Young und Fairburn, 2000).

Zusammenfassung

Da die *in vitro* Produktion (IVP) von Rinderembryonen nicht nur für die Grundlageforschung, sondern auch für die Landwirtschaft und Tierzucht im kommerziellen Sinne eine große Bedeutung hat, ist die Optimierung der *in vitro* Bedingungen erstrebenswert. Optimale *in vitro* Bedingungen bringen Vorteile für alle Arbeitsgebiete der IVP, einschließlich der Produktion von transgenen und klonierten Nachkommen, der präimplantativen genetischen Diagnostik, der Selektion von Tieren mit großem genetischem Potential, der Züchtung von Nutztierrassen und bedrohten Tierarten und der humanen klinischen IVP-Programme. Außerdem spielt die IVP eine wichtige Rolle bei der Verbesserung der künstlichen Besamung (Spermaqualitätsuntersuchungen), bei der Verhinderung der Übertragung von Krankheiten über den Genitaltrakt und bei der Etablierung pluripotenter embryonaler Zelllinien.

Die Definierung von Faktoren, die zur Optimierung der *in vitro* Bedingungen führen, würden nicht nur zu einer erhöhten Blastozystenrate und einer besseren Trächtigkeits- und Abkalbungsrate nach dem Transfer von frischen oder eingefrorenen/aufgetauten Embryonen führen, sondern auch zu niedrigeren Kosten.

Summary

In vitro production (IVP) of bovine embryos plays very important role in the basic research and in the commercial animal breeding. Optimization of *in vitro* culture is one of the major conditions for application of this technique. IVP will be helpful for a wide variety of modern biotechnological disciplines including production of transgenic and cloned animals, preimplantation genetic diagnostic, breeding of endangered species and animals with high genetic potential, and human clinical IVP- programs. Additionally, IVP is implicated in the artificial insemination (analysis of the sperm), in the studies on contagious genital diseases, and in the establishment of the pluripotent stem cells.

Identification and characterization of factors, which can improve *in vitro* conditions, will yield not only the higher blastocyst, pregnancy, and calving rates, but also result in the decreased costs of animal breeding costs.

Literaturverzeichnis

Abe, H., Yamashita, S., Itoh, T., Sato, H. T. and Hoshi, H. (1999): Ultrastructure of bovine embryos developed from *in vitro*-matured and -fertilized oocytes: comparative morphological evaluation of embryos cultured either in serum-free medium or in serum-supplemented medium. Mol. Reprod. Dev. 53, 325-335.

Archibong, A. E., Petters, R. M. and Johnson, B. H. (1989): Development of porcine embryos from one- and two-cell stage to blastocyst in culture medium supplemented with porcine oviductal fluid. Biol. Reprod. 41, 1076-1083.

Atienza-Samols, S. B., Pine P. R. and Sherman, M. I. (1980): Effects of tunicamycin upon glycoprotein synthesis and development of early mouse embryos. Dev. Biol. 79, 19-32.

Ax, R. L. and Ryan, R. J. (1979): The porcine ovarian follicle. IV. Mucopolysaccharides at different stages of development. Biol. Reprod. 20, 1123-1132.

Barnes, F. L. and Eyestone, W. H. (1990): Early cleavage and the maternal zygotic transition in bovine embryos. Theriogenology 33, 141-152.

Bavister, B. D., Rose-Hellekant, T. A. and Pinyopummintr, T. (1992): Development of *in vitro* matured/*in vitro* fertilized bovine embryos into morulae and blastocysts in defined culture media. Theriogenology 37, 127-146.

Bavister, B. D. (1995): Culture of preimplantation embryos: facts and artifacts. Human Reprod. Update 1, 91-148.

Bellini, M. E., Lenz, R. W., Steadman, L. E. and Ax, R .L. (1985): Proteoglycan production by bovine granulosa cells *in vitro* occurs in response to FSH. Mol. Cell. Endocrinol. 29: 51-65.

Betteridge, K. J. and Flechon, J. E. (1988): The anatomy and physiology of pre-attachment bovine embryos. Theriogenology 29, 155-187.

Brackett, B. G., Bousquet, D., Boice, M. L., Donawick, W. J., Evans, J. F. and Dressel, M. A. (1982): Normal development following *in vitro* fertilization in the cow. Biol. Reprod. 27, 147-158.

Delpech, B., Girard n., Bertrand, P., Courel, M.-N., Chauzy, C. and Delpech, A. (1997): Hyaluronan: fundamental principles and applications in cancer. J. Internal Med. 242, 41-48.

Dorland, M., Gardner, D. K. and Trounson, A. O. (1994): Serum in synthetic oviduct fluid causes mitochondrial degeneration in ovine embryos. J.Reprod.Fertil. 13, 70.

Eggenschwiler, J., Ludwig, T., Fisher, P., Leighton, P. A., Tilghman, S. M. and Efstratiadis, A. (1997): Mouse mutant embryos overexpressing IGF-II exhibit phenotypic features of the Beckwith-Wiedemann and Simpson-Golabi-Behmel syndromes. Genes Dev. 11, 3128-3142.

Eppig, J. S. (1979): FSH stimulates hyaluronic acid synthesis by oocyte-cumulus cell complexes from mouse preovulatory follicles. Nature 281, 483-484.

Eyestone, W. H. and First, N. L. (1989): Co-culture of early cattle embryos to the blastocysts stage with oviductal tissue or in conditioned medium. J. Reprod. Fertil. 85, 715-720.

Eyestone, W. H. and First, N. L. (1991): Characterization of developmental arrest in early bovine embryos cultured *in vitro*. Theriogenology 35, 613-624.

Farin, P. W. and Farin, C. E. (1995): Transfer of bovine embryos produced in vivo or *in vitro*: survival and fetal development. Biol. Reprod. 52, 676-682.

Fraser, J. R. E., Laurent, T. C. and Laurent, U. B. G. (1997): Hyaluronan: its nature, distribution, functions and turnover. J. Intern. Med. 242, 27-33.

Furnus, C. C., De Matos, D. G. and Martinez, A. G. (1998): Effect of hyaluronic acid on development of *in vitro* produced bovine embryos. Theriogenology 49, 1489-1499.

Gardner, D. K., Lane, M., Spitzer, A. and Batt, P. A. (1994): Enhanced rates of cleavage and development for sheep zygotes cultured to the blastocyst stage *in vitro* in the absence of serum and somatic cells: amino acids, vitamins, and culturing embryos in groups stimulate development. Biol. Reprod. 50, 390-400.

Gardner, D. K. (1998): Changes in requirement and utilization of nutriens during mammalian preimplantation embryo development and their significance in embryo culture. Theriogenology 49, 83-102.

Gardner, D. K., Lane, M., Cohen, J., Plachot, M. and Chappel, S. (1998): Culture of viable human blastocysts in defined sequential serum-free media. Hum. Reprod. 13, 148-160.

Hamamah, S., Wittemer, C., Barthelemy, C., Richet, C., Zerimech, F., Royere, D. and Degand, P. (1996): Identification of hyaluronan and chondroitin sulphates in human follicular fluid and their affects on human sperm motility and outcome of *in vitro* fertilization. Reprod. Nutr. Dev. 36, 43-52

Hamashima, N. (1982): Effect of hyaluronic acid on the peri-implantation development of mouse embryos *in vitro*. Dev. Growth Differ. 24, 353-357.

Hammond, J. J. (1949): Recovery and culture of tubal mouse ova. Nature 163, 28-29.

Hernandez-Ledezma, J. J., Sikes, J. D., Murphy, C. N., Watson, A. J., Schultz, G. A. and Roberts, R. M. (1992): Expression of bovine trophoblast interferon in conceptuses derived by *in vitro* techniques. Biol. Reprod. 47, 374-380.

Jensen, C. E. and Zachariae, F. (1958): Studies on the mechanism of ovulation. II. Isolation and analysis of acid mucopolysaccharides in bovine follicular fluid. Acta. Endocrinol. 27, 356-368.

Kano, K., Miyano, T. and Kato, S. (1998): Effects of glycosaminoglycans on the development of *in vitro*-matured and -fertilized porcine oocytes to the blastocyst stage *in vitro*. Biol. Reprod. 58, 1226-1232.

Kornovski, B. S., McCoshen, J., Kredentser, J. and Turley, E. A. (1994): The regulation of sperm motility by a novel hyaluronan receptor. Fertil. Steril. 61: 935-940.

Laurent, T. C. and Fraser, J. R. E. (1992): Hyaluronan. FASEB J. 6, 2397-2404.

Lee, C. N. and Ax, R. L. (1984): Concentration and composition of glycosaminoglycans in the female bovine reproductive tract. J. Dairy Sci. 67, 2006-2009.

Leese, H. J. (1988): The formation and function of oviduct fluid. J. Reprod. Fertil. 82, 843-856.

Leighton, P. A., Ingram, R. S., Eggenschwiler, J., Efstratiadis, A. and Tilghman, S. M. (1995): Disruption of imprinting caused by deletion of the H19 gene region in mice. Nature 375, 34-39.

Merzel, S. (1985): Molecules that initiate or help stimulate the acrosome reaction by their interaction with the mammalian sperm surface. Am. J. Anat. 174, 285-302.

McLaughlin, K. J., McLean, D. M., Stevens, G., Ashman, R. A., Lewis, P. A., Bartsch, B. D. and Seamark, R. F. (1990): Viability of one-cell bovine embryos cultured in synthetic oviduct fluid medium. Theriogenology 33, 1191-1199.

Miyano, T., Hiro-Oka, R. E., Kano, K., Miyake, M., Kusuncki, H. and Kato, S. (1994): Effects of hyaluronic acid on the development of 1- and 2-cell porcine embryos to the blastocyst stage *in vitro*. Theriogenology 41, 1299-1305.

Nagashima, H., Kashiwazaki, N., Ashman, R. J., Grupen, C. G. and Nottle, M. B. (1995): Cryopreservation of porcine embryos. Nature 30, 416.

Niemann, H., Lucas-Hahn, A. and Stoffregen, C. (1993): Cryopreservation of bovine oocytes and embryos following microsurgical operations. Mol. Reprod. Dev. 36, 232-235.

Niemann, H. and Wrenzycki, C. (2000): Alteration of expression of developmentally important genes in preimplantation bovine embryos by *in vitro* culture conditions: implications for subsequent development. Theriogenology 53, 21-34.

Pilia, G., Hughes-Benzie, R. M., Mackenzie, A., Baybayan, P., Chen, E. Y., Huber, R., Neri, G., Cao, A., Forabosco, A. and Schlessinger, D. (1996): Mutations in GPC3, a glypican gene, cause the Simpson-Golabi-Behmel overgrowth syndrome. Nat. Genet. 12, 241-247.

Pinyopummintr, T. and Bavister, B. D. (1991): *In vitro* matured/*in vitro* fertilized oocytes can develop into morulae/blastocysts in chemically defined, protein-free culture media. Biol. Reprod. 45, 736-742.

Pinyopummintr, T. and Bavister, B.D. (1994): Development of bovine embryos in a cell-free culture medium: effects of type of serum, timing of its inclusion and heat inactivation. Theriogenology 41, 1241-1249.

Reik, W. and Maher, E. R. (1997): Imprinting in clusters: lessons from Beckwith-Wiedemann syndrome. Trends Genet. 13, 330-334.

Roberts, R. M., Cross, J. C. and Leaman, D. W. (1992): Interferons as hormones of pregnancy. Endocrine Rev. 13, 432-452.

Rose-Hellekant, T. A., Libersky-Wiliamson, E. A. and Bavister, B. D. (1998): Energy substrates and amino acids provided during *in vitro* maturation of bovine oocytes alter acquisition of developmental competence. Zygote 6, 285-294.

Santl, B., Wenigerkind, H., Schernthaner, W., Mödl, J., Stojkovic, M., Prelle, K., Holtz, W., Brem, G. and Wolf, E. (1998): Comparison of ultrasound-guided vs. laparascopic transvaginal ovum pick-up (opu) in simmental heifers. Theriogenology 50, 89-100.

Sato, E., Ishibashi, T. and Koide, S. S. (1987): Prevention of spontaneous degeneration of mouse oocytes in culture by ovarian glycosaminoglycans. Biol. Reprod. 37, 371-376.

Schultz, G. A. and Heyner, S. (1993): Growth factors in preimplantation mammalian embryos. Oxford Rev. Reprod. Biol. 15, 43-81.

Shamsuddin, M., Larsson, B., Gustafsson, H. and Rodriguez-Martinez, H. (1994): A serum-free, cell-free culture system for development of bovine one-cell embryos up to blastocyst stage with improved viability. Theriogenology 41, 1033-1043.

Shamsuddin, M. and Rodriguez-martinez, H. (1994): Fine structure of bovine blastocysts developed either in serum-free medium or in conventional co-culture with oviduct epithelial cells. J. Vet. Med. 41, 307-316.

Sjoblom, P. and Wikland, M. (1991): A follow-up study of sperm preparation for IVF by swim-up in a solution of hyaluronate. Hum. Reprod. 615, 722-726.

Spindle, A. (1980): An improved culture medium for mouse blastocysts. *In vitro* J. Tissue Cult. Ass. 16, 669-674.

Sreenan, J. M. and Diskin, M. G. (1986): The extent and timing of embryonic mortality in cattle. In: Sreenan, J. M. and Diskin, M. G., (Eds.), Embryonic mortality in farm animals S. 1-11. Martinus Nijhohh Dordrecht.

Stojkovic, M., Wolf, E., Büttner, M., Berg, U., Charpigny, G., Schmitt, A. and Brem, G. (1995): Secretion of biologically active interferon tau by *in vitro-* derived bovine trophoblastic tissue. Biol. Reprod. 53, 1500-1507.

Stojkovic, M., Wolf, E., Van Langendonckt, A., Vansteenbrugge, A., Charpigny, G., Reinaud, P., Gandolfi, F., Brevini, T. A. L., Mermillod, P., Terqui, M., Brem, G. and Massip, A. (1997a): Correlation between chemical parameters, mitogenic activity, and embryotrophic activity of bovine oviduct-conditioned medium. Theriogenology 48, 659-673.

Stojkovic, M., Zakhartchenko, V., Brem, G. and Wolf, E. (1997b): Support for the development of bovine embryos *in vitro* by secretions of bovine trophoblastic vesicles derived *in vitro*. J. Reprod. Fertil. 111, 191-196.

Stojkovic, M., Thompson J. G. and Tervit, H. R. (1999a): Effects of hyaluronic acid supplementation on *in vitro* development of bovine embryos in a two-step culture system. Theriogenology 1, 254.

Stojkovic, M., Büttner, M., Zakhartchenko, V., Riedl, J., Reichenbach, H. D., Wenigerkind, H., Brem, G. and Wolf, E. (1999b): Secretion of interferon-tau by bovine embryos in long-term culture: comparison of in vivo derived, *in vitro* produced, nuclear transfer and demi embryos. Anim. Reprod. Sci. 55, 151-162.

Stojkovic, M., Machado, S. A., Stojkovic, P., Zakhartchenko, V., Hutzler, P., Goncalves, P. B. and Wolf, E. (2001a): Mitochondrial distribution and adenosine triphosphate-content of bovine oocytes before and after *in vitro* maturation: correlation with morphological criteria and developmental capacity after *in vitro* fertilization and culture. Biol. Reprod 64, 904-909.

Stojkovic, M., Kölle, S., Zakhartchenko, V., Stojkovic, P., Sinowatz, F. and Wolf, E. (2001b): Effects of estrous cow serum/bovine serum albumin on early cleavage, blastocyst rate, cell number, and ultrastructural conAbbildungation of *in vitro* produced bovine embryos. Adv. Reprod. 5, 35-44.

Stojkovic, M., Peinl, S., Stojkovic, P., Zakhartchenko, V., Thompson, J. G. and Wolf, E. (2001c): High concentration of hyaluronic acid in culture medium increases the survival rate of frozen/thawed *in vitro* produced bovine embryos. Theriogenology 55, 317.

Suchanek, E., Simunic, V., Juretic, D. and Grizelj, V. (1994): Follicular fluid contents of hyaluronic acid, follicle-stimulating hormone and steroids relative to the success of *in vitro* fertilization of human oocytes. Fertil. Steril. 62, 347-352.

Surani, M. A. H. (1979): Glycoprotein synthesis and inhibition of glycosylation by tunicamycin in preimplantation mouse embryos: compaction and trophoblast adhesion. Cell 18, 217-227.

Takagi, Y., Mori, K., Tomizawa, M., Takahashi, T., Sugawara, S. and Masaki, J. (1991): Development of bovine oocytes matured, fertilized and cultured in a serum-free, chemically defined medium. Theriogenology 35, 1197-1207.

Takahashi, Y. and First, N. L. (1992): *In vitro* development of bovine one-cell embryos: influence of glucose, lactate, pyruvate, amino acids and vitamins. Theriogenology 37, 963-978.

Thompson, J. G., Simpson, A. G., Pugh, P. A. and Tervit, H. R. (1992): Requirement for glucose during *in vitro* culture of sheep preimplantation embryos. Mol. Reprod. Dev. 31, 253-257.

Thompson, J. G., Gardner, D. K., Pugh, P. A., Mcmillan, W. H. and Tervit, H. R. (1995): Lamb birth weight is affected by culture system utilized during *in vitro* pre-elongation development of ovine embryos. Biol. Reprod. 53, 1385-1391.

Thompson, J. G. (1997): Comparison between in vivo-derived and *in vitro*-produced pre-elongation embryos from domestic ruminants. Reprod. Fertil. Dev. 9, 341-354.

Toole, B. P. (1981): Glycosaminoglycans in morphogenesis. Cell Biol. Extra. Matr. 6, 259-294.

Van Blerkom, J. and Runner, M. N. (1984): Mitochondrial reorganization during resumption of arrested meiosis in the mouse oocyte. Am. J. Anat. 171, 335-355.

Van Langendonckt, A., Donnay, I., Schuurbiers, N., Auquier, P., Carolan, C., Massip, A. and Dessy, F. (1997): Effects of supplementation with fetal calf serum on development of bovine embryos in synthetic oviduct fluid medium. J. Reprod. Fertil. 109, 87-93

Van Wagtendonckt de Leeuw, A. M., Aerts, B. J. G. and Den Daas, J. H. G. (1998): Abnormal offspring following *in vitro* produktion of bovine preimplantation embryos: a field study. Theriogenology 49, 883-894.

Van Wagtendonk de Leeuw, A. M., Mullaart, E., De Roos, A. P. W., Merton, J. S., Den Daas, J. H. G., Kemp, B. and De Ruigh, L. (2000): Effects of different reproduction techniques: AI, MOET or IVP, on health and welfare of bovine offspring. Theriogenology 53, 575-597.

Viuff, D., Avery, B., Greve, T., King, W. A. and Hyttel, P. (1996): Transcriptional activity in *in vitro* produced bovine two- and four-cell embryos. Mol. Reprod. Dev. 43, 171-179.

Walker, S. K., Heard, T. M. and Seamark, R. F. (1992): *In vitro* culture of sheep embryos without co-culture: successes and perspectives. Theriogenology 37, 111-126.

Wang, Z. Q., Fung, M. R., Barlow, D. P. and Wagner, E. F. (1994): Regulation of embryonic growth and lysosomal targeting by the imprinted Igf2/Mpr gene. Nature 372, 464-467.

Whitten, W. K. (1956): Culture of tubal mouse ova. Nature 177, 96.

Whittingham, D. G. and BIGGARS, J. D. (1967): Fallopian tube and early cleveage in the mouse. Nature 213, 942-943.

Wrenzycki, C., Herrmann, D., Carnwath, J. W. and Niemann, H. (1998): Expression of RNA from developmentally important genes in preimplantation bovine embryos produced in TCM supplemented with BSA. J. Reprod. Fertil. 112, 387-398.

Young, L. E., Sinclair, K. D. and Wilmut, I. (1998): Large offspring syndrome in cattle and sheep. Rev. Reprod. 3, 155-163.

Young, L. E. and Fairburn, H. R. (2000): Improving the safety technologies: possible role of genomic imprinting. Theriogenology 53, 627-648.

Young, L. E., Fernandes, K., McEvoy, T. G., Butterwith, S. C., Gutierrez, C. G., Carolan, C., Broadbent, P. J., Robinson, J. J., Wilmut, I. and Sinclair, K. D. (2001): Epigenetic change in IGF2R is associated with fetal overgrowth after sheep embryo culture. Nat. Genet. 27, 153-154.

Younis, A. I., Brackett, B. G. and Fayrer-Hosken, R. A. (1989): Influence of serum and hormones on bovine oocyte maturation and fertilization *in vitro*. Gamete Res. 23, 189-201.

Embryonale Stammzellen bei Nutztieren

Katja Prelle

Mit dem Begriff Stammzelle wird jede noch nicht ausdifferenzierte Zelle eines Embryos, Fetus oder geborenen Individuums bezeichnet, die Teilungs- und Entwicklungsfähigkeit und ein damit verbundenes Differenzierungspotential besitzt, das auf dem Wege der Spezialisierung während der Entwicklung immer weiter abnimmt. Während aus der sog. "totipotenten" befruchteten Eizelle und auch noch aus einzelnen totipotenten Embryonalzellen (Blastomeren) bis spätestens zum 8-Zellstadium ein ganzes Individuum entstehen kann, entwickeln sich aus den pluripotenten embryonalen Stamm-(ES-)zellen, insbesondere aus der Inneren Zellmasse (ICM) in der Embryonalentwicklung die mehr als 200 verschiedenen Zelltypen des Körpers. Daneben finden sich pluripotente Stammzellen auch in den frühen Keimanlagen und werden als embryonale Keim-(germ)zellen (EG-Zellen) bezeichnet.

Maus-ES-Zellen werden hauptsächlich als Vektoren für gezielten Gentransfer und für die Identifizierung und Erforschung neuer Gene und deren Funktionen genutzt. Sie dienen aber auch als Modell für Vorgänge während der frühen Embryonalentwicklung, insbesondere den dabei ablaufenden Differenzierungsvorgängen, den verantwortlichen Steuersignalen und möglichen Störungen. Trotz dieser weitreichenden Anwendungsgebiete und des enormen Forschungsaufwands konnten bisher keine weiteren pluripotenten, keimbahn-kompetenten ES-Zellinien von anderen Säugerspezies als der Maus etabliert werden.

Pluripotente Zellinien der Maus

Bei der Maus wurden pluripotente, embryonale Zellen erstmals aus sog. „Teratokarzinomen", bösartigen Tumoren, isoliert, die aus verschiedenen differenzierten Zellen unterschiedlicher Gewebe bestehen, aber auch undifferenzierte embryonale Zellen enthalten (Martin und Evans, 1975). Diese sog. embryonalen Karzinom-(EC-)zellen weisen allerdings aufgrund der variierenden und undefinierten Einflüsse innerhalb des Tumors diverse Nachteile auf, u. a. einen instabilen Karyotyp und geringe Keimbahnbesiedelung nach Reintegration in Embryonen. Embryonale Stamm-(ES-)zellen werden dagegen aus jüngsten Embryonalstadien (vereinzelte Blastomeren von Morulae (Eistetter, 1989), innere Zellmasse (ICM) von Blastozysten (Evans und Kaufman. 1981; Martin, 1981) etabliert (Abb. 20). Um ein undifferenziertes und unbegrenztes Wachstum dieser Zellen zu ermöglichen, wurden die ES-Zellen ursprünglich in Ko-Kultur auf sog. „Feeder-" oder Ammenzellen (embryonale Mausfibroblasten, Wobus et al., 1984; Sto-Zellen, Robertson, 1987) oder zellfrei in konditioniertem Medium (Smith und Hooper, 1987) kultiviert. Als wichtigster Differenzierungs-verhindernder Faktor in diesen Kultursystemen wurde das Zytokin LIF (Leukemia Inhibitory Factor) identifiziert (Nichols et al., 1990).

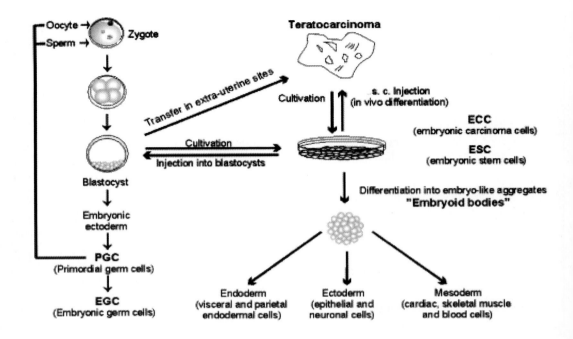

Abb. 20. Herkunft und Verwendung pluripotenter Zellen.

Die dritte Klasse pluripotenter Stammzellen findet sich in den frühen Keimanlagen von Foeten und wird als Embryonale Keim-(EG-)zellen bezeichnet. Diese werden von den Vorläufern der Geschlechtszellen, den primordialen Keimzellen (PGCs) abgeleitet, die von der Basis der Allontois durch das Hinterdarmepithel und das Mesenterium in die Keimanlagen wandern (Eddy et al., 1981) (Abb. 21). Die EG-Zellen können in einer Kombination aus LIF, bFGF (basic Fibroblast Growth Factor) und SCF (Stem Cell Factor) ohne Verlust an Pluripotenz, zumindest bei der Maus, langfristig kultiviert werden (Resnick et al., 1992; Stewart et al., 1994), verhalten sich bei Reintegration in einen Wirtsembryo wie ES-Zellen (Matsui et al., 1992) und zeigen ein ähnliches Differenzierungsverhalten *in vitro*.

Eigenschaften pluripotenter embryonaler Zellen der Maus
Pluripotente Zellen besitzen typische morphologische Charakteristika wie z. B. einen großen Zellkern und die Bildung kompakter, mehrschichtiger Kolonien. Sie zeigen spezifische Enzymaktivität (alkalische Phosphatase, AP) (Resnick et al., 1992) und exprimieren spezielle Oberflächenmarker (SSEA-1 (Stage-specific Embryonic Antigen-1), Solter und Knowles, 1978) oder Keimbahn-spezifische Transkriptionsfaktoren (Oct-4, Schöler et al., 1989).

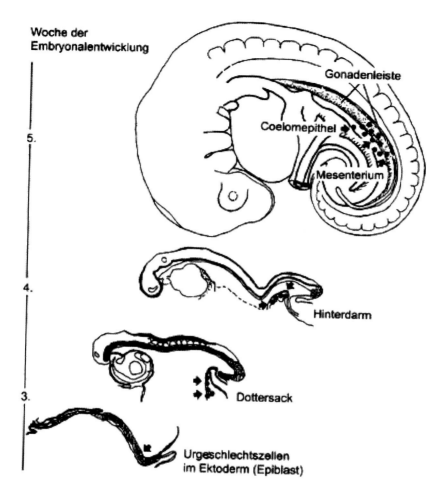

Abb. 21. Lokalisation und Wanderung primordialer Keimzellen (nach Beier, Nova Acta Leopoldina 318, 2000).

Außerdem besitzen sie einen kurzen G1-Zellzyklus (Rohwedel et al., 1996) und eine hohe Telomeraseaktivität (Thomson et al., 1998). Pluripotente Zellen differenzieren spontan *in vitro* in die verschiedensten Zelltypen, wenn ihnen die Feederzellen oder die Differenzierungsinhibierenden Zytokine entzogen werden (Pedersen, 1994). Bei gezielter *in vitro*-Differenzierung durch Suspensionskultur oder Kultivierung in sog. „Hängenden Tropfen" bilden die pluripotenten Zellen sog. „Embryoid bodies", die Zellen aller drei Keimblätter enthalten (Doetschman et al., 1985) (Abb. 22). Ihr in vivo-Differenzierungsvermögen zeigen pluripotente Zellen nach Transplantation in immundefiziente Mäuse, wo sich aus den ES-Zellen die bereits oben erwähnten Teratokarzinome bilden (Evans und Kaufman, 1981). Werden die pluripotenten Zellen über Blastozysteninjektion (Bradley et al., 1984) oder Morulaaggregation (Wood et al., 1993) in normale Embryonen reintegriert, beteiligen sie sich an der Bildung und Entwicklung aller embryonalen und fetalen Gewebe und Organen des chimären Nachkommen einschließlich der Keimbahnen (Labosky et al., 1994) (Abb. 23). Werden ES-Zellen mit tetraploiden Wirtsembryonen kombiniert, bilden die Stammzellen den gesamten Organismus ohne jegliche Beteiligung der tetraploiden Zellen (Nagy et al., 1990)

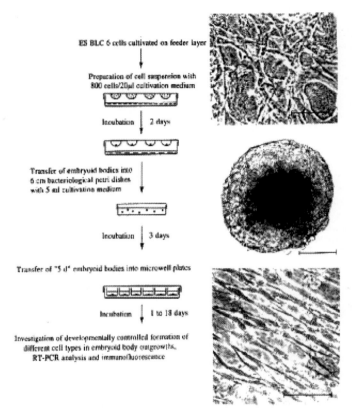

Abb. 22. *In vitro*-Differenzierung pluripotenter ES-Zellen im "Hängenden Tropfen" (nach Wobus et al., Exp Cell Res 152, 1994).

Pluripotente embryonale Zellinien bei anderen Tierarten

Seit den Erfolgen mit ES-Zellen der Maus Mitte der 80er Jahre beschäftigen sich aufgrund der zahlreichen Anwendungsmöglichkeiten pluripotenter Zellen in Grundlagenforschung und Tierzucht weltweit zahlreiche Arbeitsgruppe mit der Etablierung pluripotenter Stammzellinien bei anderen Tierarten, insbesondere landwirtschaftlicher Nutztiere. Der Einsatz verschiedenster Ko-Kultursysteme, Wachstumsfaktoren und Differenzierungsinhibitoren hat aber bisher lediglich stammzellähnliche Zellen hervorgebracht, die zwar ähnliche Morphologie und Oberflächenmarker wie die Maus-ES-Zellen aufweisen und ein gewisses Differenzierungspotential *in vitro* wie in vivo zeigen, sich aber nach Reintegration in Embryonen nicht an der Ausbildung der Keimbahn beteiligten (Tab. 10). Die Etablierung pluripotenter Zellinien bei anderen Säugetieren brächte aber große Vorteile bei der Erforschung früher entwicklungsbiologischer Prozesse wie der Gewebe- und Organdifferenzierung und -entstehung, bei der genetischen Modifizierung tierischer Leistungs-merkmale und Eigenschaften sowie beim Kerntransfer bei landwirtschaftlichen Tierarten.

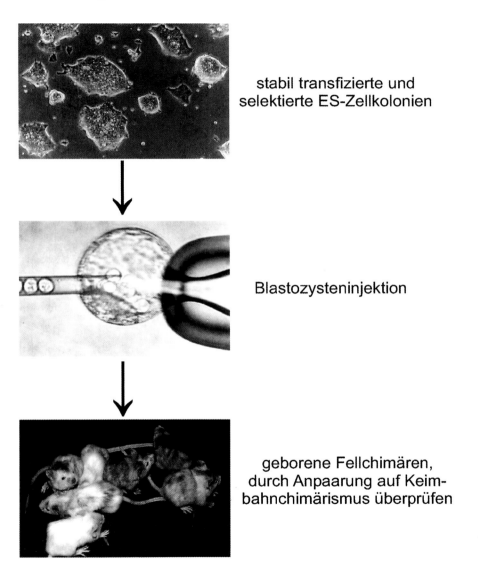

stabil transfizierte und
selektierte ES-Zellkolonien

Blastozysteninjektion

geborene Fellchimären,
durch Anpaarung auf Keim-
bahnchimärismus überprüfen

Abb. 23. Erstellung transgener Keimbahnchimären mittels Blastozysteninjektion transfizierter ES-Zellen bei der Maus

Tab. 10.　Etablierung pluripotenter embryonaler Zellinien bei Vertebraten (mit Ausnahme Maus)

Tabelle 1. Etablierung pluripotenter embryonaler Zellinien bei Vertebraten (mit Ausnahme Maus)

Spezies	Zellherkunft	ES-zellähnliche Charakteristika	In vivo Differenzierung	Referenzen
Huhn	Stadium X-Blastoderm	AP-Aktivität, SSEA-1, SSEA-3- und ECMA-7-Expression	Keimbahnchimären	PAIN et al. (1996)
	5 d Keimanlagen	Morphologie	Keimbahnchimären	CHANG et al. (1997)
Kaninchen	5 d intakte Embryonen	EB-Formation	Fellchimären	SCHOONJANS et al. (1996)
	18-22 d Keimanlagen	SSEA-1-Expression, AP-Aktivität	Fellchimären	MOENS et al. (1997)
Schwein	Blastozysten	EB-Formation	Fellchimären	WHEELER (1994)
	25-27 d Keimanlagen	AP-Aktivität, EB-Formation	Transgene, chimäre Ferkel	PIEDRAHITA et al. (1998)
Rind	Blastozysten aus Fibroblasten-Kerntransfer	Morphologie	Transgene chimäre Kälber	CIBELLI et al. (1998)
	45 d Keimanlagen	Morphologie, Pseudopodien	Kloniertes Bullenkalb	STRELCHENKO et al. (1998)
Schaf	8 d Bastozysten	Morphologie	Klonierte Lämmer	WELLS et al.(1997)

Huhn

Der bis zu einem gewissen Stadium (Stadium X) aus 40 000 bis 80 000 undifferenzierten Zellen bestehende Hühnerembryo (Thorval et al., 1994) ist schon erfolgreich zur Etablierung pluripotenter embryonaler Stammzellen genutzt worden. Wurden diese Blastoderm-Zellen direkt in die Keimblase eines Hühnerembryos injiziert, beteiligten sie sich an der Bildung von Melanozyten und Erythrozyten im chimären Nachkommen (Petitte et al., 1990). Die Integrationsrate nach Kurzzeitkultur (48 h) auf Mausfibroblasten mit LIF war dagegen deutlich reduziert (Etches et al., 1996). Nach längerer Kultivierung auf STO-Feederlayerzellen mit LIF und verschiedenen Wachstumsfaktoren bildeten sich aus Blastoderm-Zellen ES-zellähnliche Zellen mit ähnlicher Zell- und Koloniemorphologie, AP-Aktivität und spezifischen Epitopen (SSEA-1, ECMA-7). Nach Injektion in Wirtsembryonen zeigten sie eine niedrige, aber noch nachweisbare Keimbahnbesiedelung in den chimären Nachkommen (Pain et al., 1996). Damit wird das Huhn nach der Maus, wenn auch weniger effizient, als zweite und als einzige landwirtschaftlich genutzte Tierart genannt, bei der pluripotente, Keimbahn-kompetente ES-Zellen etabliert werden konnten.
Beim Huhn gelang es auch, PGCs aus den Keimanlagen 5,5 Tage alter Embryonen zu isolieren und nach fünftägiger Kultur in LIF-haltigem Medium erfolgreich in die Keimbahn von chimären Wirtsembryonen zu reintegrieren (Chang et al., 1997).

Kaninchen

Das Kaninchen wird neben seiner tierzüchterischen Nutzung als Fleisch- und begrenzt als Wollproduzent hauptsächlich aufgrund der geringen Stallplatzansprüche, der einfachen Superovulation und Embryomanipulation wie auch der Wurfgröße als Versuchstier eingesetzt. Bei Versuchen zur ES-Zell-Etablierung wurde die ICM entweder aus Tag 3-Embryonen mittels Immunosurgery (Giles et al., 1993) oder mechanisch aus Tag 4- bis 5-Blastozysten isoliert (Graves und Moreadith, 1993). Anhand von Enzymanalysen bzw. Augenpigmentierung konnte nach Blastozyteninjektion die Integration der bis zu Passage 5 auf STO-Feederzellen kultivierten ES-Zellähnlichen Zellen in Feten nachgewiesen werden (Giles et al., 1993). Durch Zusatz von LIF konnte die AP-Aktivität wie auch die Fähigkeit zur Bildung von „Embryoid bodies" aufrechterhalten werden (Graves und Moreadith, 1993; Vassilieva et al., 1998) (Abb. 24). Nach Blastozyteninjektion war allerdings lediglich ein Fell- und kein Keimbahnchimärismus nachzuweisen (Schoonjans et al., 1996). Wurden dieselben Zellen allerdings als Kernspender für den Kerntransfer benutzt, erbrachten sie ähnliche Blastozystenentwicklungsraten wie embryonale Blastomere (Du et al., 1995).
Kaninchen-PGCs wurden aus den Gonaden von 18 bis 22 Tage alten Feten isoliert und wiesen eine ähnliche Morphologie und Ultrastruktur, SSEA-1-Expression und AP-Aktivität wie Maus-PGCs auf (Moens et al., 1997). Wurden diese Zellen nach einer kurzen Kultivierung mit humanem LIF und bFGF via Injektion in frühe Embryonalstadien zurückverbracht, zeigte sich bei den geborenen

Nachkommen nur ein sehr geringer Chimärismus. Bei Kerntransferversuchen mit diesen Zellen entwickelten sich zwar Blastozysten, allerdings kam es nach Transfer dieser Embryonen zu keiner Implantation (Moens et al., 1996).

Schwein

Da auch das Schwein ein hervorragendes Modelltier für diverse Krankheiten des Menschen ist, aber auch in der Tierproduktion, respektive der Fleischerzeugung eine bedeutende Rolle spielt, haben sich zahlreiche Forschergruppen national und international mit der Kultivierung und Charakterisierung von ICM- und PGC-abgeleiteten Zellinien beschäftigt. Dafür wurden Embryonen zwischen Tag 6 und 9 (Evans et al., 1990; Notarianni et al., 1990; Piedrahita et al., 1990a; Wheeler 1994; Gerfen und Wheeler, 1995; Ropeter-Scharfenstein et al., 1996), aber auch in späteren Stadien (Strojek et al., 1990; Hochereau-de Reviers und Perreau, 1993; Anderson et al., 1994; Wianny et al., 1997) genutzt. Dabei zeigte die ICM von späteren Stadien zu Beginn der *in vitro*-Kultur bezüglich der Anheftungs- und Proliferationsrate oft deutliche Vorteile, die allerdings im weiteren Verlauf der Kultur durch die erhöhte Differenzierungsneigung der Zellen verloren gingen. Im Gegensatz dazu erbrachte die ICM früherer Stadien zwar weniger ES-zellähnliche Kolonien, allerdings zeigten diese auch über längere Kulturdauer nur eine geringe Differenzierungstendenz. Trotzdem beteiligten sich nur frisch isolierte ICM-Zellen nach Blastozysteninjektion an einzelnen Geweben und Organen lebend geborener chimärer Ferkel (Anderson et al., 1994).

Ein Grund für die Schwierigkeiten bei der Etablierung porciner ES-Zellen dürfte in der unterschiedlichen Embryonalentwicklung bei Maus und Schwein liegen, insbesondere der verzögerten Implantation verbunden mit einer bedeutenden Elongation der Blastozyste (Geisert et al., 1982). Während dieser Phase bildet sich aus der ICM die epitheliale Keimscheibe, Ursprung des späteren Foetus, die bis zur Gastrulation keine wesentliche Proliferationsaktivität zeigt. Dagegen setzen aber direkt nach dem Schlüpfen der Blastozyste mit der Bildung des primitiven Endoderm als eines der drei Keimblätter (Notarianni et al., 1991) und vimentin-exprimierender mesodermaler Zellen (Prelle et al., 2001) bereits erste Differenzierungsvorgänge ein. Das extreme Wachstum des Trophoblasten und der frühe Beginn der ICM-Differenzierung im Schweineembryo macht die Trennung vom Trophekto-derm und die Isolierung der ICM aus der Blastozyste mit ihren differenzierungsinduzierenden Signalen bereits vor Beginn der Kultivierung mittels Imunosurgery (Solter und Knowles, 1975) oder Kalziumionophor (Prelle et al., 1993) notwendig.

Auch beim Schwein haben sich zahlreiche Studien mit der Optimierung der Kulturbedingungen für pluripotente embryonale Zellen zur Unterstützung der Proliferation und Unterdrückung der Differenzierung beschäftigt. Während spezies-homologe Schweine-Fibroblasten aus dem Uterus die Anheftung und Koloniebildung von ICM-Zellen zumindest für kurze Zeit unterstützten (Strojek et al., 1990), konnten solche pluripotenten Zellen auf STO-Feederzellen für länger als ein Jahr undifferenziert kultiviert werden und fanden sich nach Blastozysteninjektion auch in Tag 30-Foeten wieder (Notarianni et al., 1997). In konditioniertem Medium war eine begrenzte Kultur undifferenzierter ES-zellähnlicher Zellen möglich (Wheeler, 1994), während humanes LIF trotz seiner hohen Homologie zur porcinen Variante (Wianny et al., 1997), aber auch andere heterologe Wachstumsfaktoren (Moore und Piedrahita, 1997) für eine längere Kultivierung der Schweine-ICM-Zellen ohne Verlust der Pluripotenz nicht geeignet waren (Prelle et al., 1994, 1995), sondern nur keimbahn-inkompetente Zellinien hervorbrachten (Moore und Piedrahita, 1996).

Die meisten der porcinen embryonalen Zellinien waren bis zu einem gewissen Grad zur *in vitro*-Differenzierung befähigt (Evans et al., 1990; Notarianni et al., 1990) und bildeten nach subkutaner Injektion in Nacktmäuse die typischen Teratokarzinome (Hochereau-de Reviers und Perreau, 1993). Außerdem zeigten sie AP-Aktivität (Talbot et al., 1993), exprimierten SSEA-1 (Wianny et al., 1997), wiesen aber im Gegensatz zu murinen ES-Zellen einen epithelialen Phänotyp mit typischer Zytokeratin-Expression auf (Piedrahita et al., 1990b). Andererseits konnten vermeintliche porcine ES-Zellen mit Maus-ES-Zell-ähnlicher Morphologie bis zur Passage 44 propagiert werden und wurden nach Blastozysteninjektion anhand genetischer Marker in Haarfollikeln bzw. Hautzellen, aber nicht in den Keimbahnen nachgewiesen (Wheeler, 1994). Embryoid bodies aus diesen Zellen differenzierten in Fibroblasten, Epithelzellen, Neurone und Muskelzellen (Gerfen und Wheeler, 1995).

Porcine PGCs wurden zwischen Tag 24 und 26 post conceptionem aus den Keimanlagen isoliert (Takagi et al., 1997; Piedrahita et al., 1998), konnten aber auch früher während der Wanderung durch das dorsale Mesenterium gewonnen werden. Zu dieser Zeit zeigen die PGCs eine höhere Proliferationsrate und eine niedrigere Differenzierungsneigung (Shim et al., 1997). Porcine PGCs, die in vivo SSEA-1 exprimieren (Takagi et al., 1997), benötigen für undifferenziertes Wachstum STO-Feederzellen (Shim und Anderson, 1998), LIF, porcinen SCF, aber im Gegensatz zur Maus kein bFGF (Durcova-Hills et al., 1998). Bei einer längeren Kultivierung zeigten Zellmembranständige (Takagi et al., 1997; Durcova-Hills et al., 1998) und spezies-homologe Wachstumsfaktoren (Piedrahita et al., 1997) deutliche Vorteile gegenüber den löslichen und heterologen Zytokinen.

Porcine EG-Zell-ähnliche Zellen zeigen eine ähnliche Morphologie und AP-Aktivität wie Maus-ES-Zellen (Abb. 24). Außerdem behalten sie auch über längere *in vitro*-Kultur ihren diploiden Karyotyp, sind zur *in vitro*-Differenzierung befähigt und beteiligten sich nach Blastozysteninjektion an der Entwicklung eines chimären Ferkels, das allerdings kurz nach der Geburt starb (Shim et al., 1997). Nach Blastozysteninjektion von transfizierten PGCs, die ein GFP (Green Fluorescent Protein)-Genkonstrukt trugen, fanden sich diese ebenfalls in einer geborenen Chimäre wieder (Piedrahita et al., 1998). Anderen Autoren gelang die Etablierung mehrerer transgener EG-zellähnlichen Zellinien mit SSEA-1-Expression und AP-Aktivität, deren Markergen (WAP-hGH) nach Rückführung in Schweineembryonen in verschiedenen Geweben der geborenen chimären Ferkel nachgewiesen wurde (Müller et al., 1999) (Abb. 25).

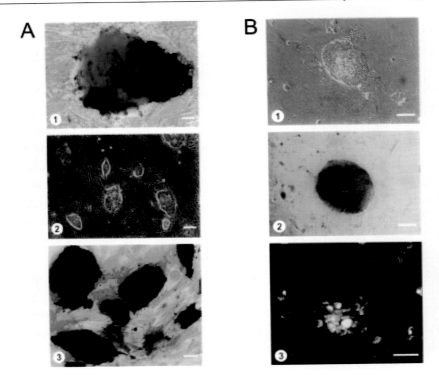

Abb. 24. Pluripotente Zellen bei (A) Kaninchen und (B) Schwein. A1: AP-positive ICM einer attachierten Blastozyste, Balken 50 µm; A2: ES-zellähnliche Kolonien von ICM-abgeleiteten Zellen nach Passage 7, Balken 100 µm; A3: AP-positive Kolonien nach Passage 17, Balken 100 µm; B1: ES-zellähnliche Kolonie kultivierter PGCs nach Passage 15 (28 Wochen), Balken 50 µm; B2: AP-positive PGC-Kolonie nach 28 Wochen (Passage 15), Balken 50 µm; B3: SSEA1-positive PGCs nach 30 Tagen, Balken 25 µm (nach Prelle et al., Cells Tissues Organs 165, 1999).

Rind

Beim Rind scheint die Etablierung von ES-Zellinien etwas einfacher zu sein als beim Schwein, da eine große Anzahl von Embryonen *in vitro* produziert werden kann. Allerdings erwiesen sich in vivo entwickelte Embryonen als bessere Quelle für pluripotente Zellen (Talbot et al., 1995).

Beim Rind spielt wie bei den anderen bereits erläuterten Tierarten der Zeitpunkt der Differenzierung der embryonalen Zellen und damit der Verlust an Pluripotenz eine stark einschränkende Rolle bei der Etablierung von ES-Zellen. Undifferenzierte Zellen wurden bisher vornehmlich zwischen dem Stadium des 16-Zellers und der geschlüpften Blastozyste gewonnen (Strelchenko, 1996), wobei die ICM-Zellen der späteren Stadien häufig mittels Immunosurgery isoliert wurden (Sims und First, 1993; Prelle et al., 1996b). Das Problem des nur lockeren und damit unzureichenden Kontakts zwischen embryonalen und Feeder-Zellen wurde durch die Plazierung der disaggregierten Zellen unter den Feederlayer gelöst (Stice et al., 1996).

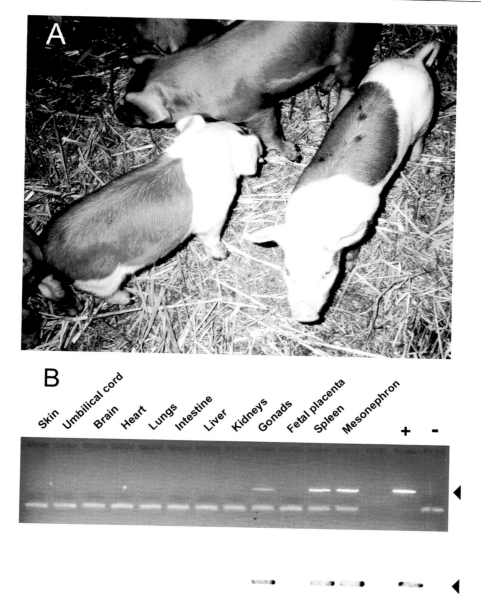

Abb. 25. Erstellung chimärer Schweine via Blastozysteninjektion. (A) Fellchimären nach Injektion "brauner" PGCs in "weiße" Wirtsblastozysten. (B) Nachweis des WAPhGH-Transgens in verschiedenen Geweben eines 30 Tage alten Fetus mittels PCR (oben) und Southern Blot (unten) (nach Müller et al., Mol Rep Dev 54, 1999).

Für die Kultivierung wurde eine große Anzahl verschiedener Feederzellen eingesetzt, u. a. Granulosazellen (Strojek-Baunack et al., 1991) oder fetale Fibroblasten (First et al., 1994), die klassischen fetalen Mausfibroblasten (Saito et al., 1992; Prelle et al., 1996a; 1997) oder STO-Zellen (Talbot et al. 1995). Allerdings konnte keine dieser Feederzellarten die Proliferation der embryonalen Zellen ohne gleichzeitige Differenzierung über längere Zeit *in vitro* unterstützen. Die Supplementierung des Kulturmediums mit LIF zeigte ebenfalls keinerlei positiven Effekt gegenüber den bovinen ICM-Zellen (Saito et al., 1992). Die embryonalen Rinderzellen differenzieren in eine Vielzahl verschiedenster Zelltypen einschließlich Trophektoderm, welches im Gegensatz zu anderen Spezies auch AP-Aktivität aufweist (Talbot et al., 1995), während undifferenzierte bovine ES-zellähnliche Zellen AP-negativ sind (Cibelli et al., 1998a).

Sims und First (1993) kultivierten vereinzelte ICM-Zellen in Suspension in Mikrotropfen und konnten nach 28 Tagen bei Verwendung als Kernspender in Klonierungsversuchen lebende Kälber erzeugen. Stice et al. (1996) etablierten mehrere ES-zellähnliche Zellinien, die noch nach 50 Passagen entsprechende morphologische Charakteristika aufwiesen und „Embryoid bodies" bildeten. Aus diesen Zellen erstellte Kerntransfer-(NT)-Embryonen wurden allerdings spätestens am 60. Trächtigkeitstag aufgrund von unterentwickelten Plazenten abortiert. Die Ursache für diese Fehlentwicklung wird in einem unvollständigen Imprinting vermutet (Strelchenko, 1996) und könnte durch Aggregation von ES-zellähnlichen Zellen mit tetraploiden Embryonen, die ausschließlich zur Bildung des Plazentagewebes beitragen würden, umgangen werden (Stice et al., 1996).

Cibelli et al. (1998a) etablierten bovine ES-zellähnliche Zellen, die sich über mehr als 12 Monate ohne größere Anzeichen von Differenzierung vermehrten und typische ES-Zellcharakteristika (enges Kern-Zytoplasma-Verhältnis, kompakte Zellkolonien) aufwiesen. In einem Versuchsansatz wurden diese aus Blastozysten isolierten embryonalen Zellen mittels DNA-Mikroinjektion mit einem ß-Galaktosidase (ß-Gal)-Neomycin (ß-Geo)-Expressions-vektor transfiziert. In einem zweiten Ansatz wurden bovine fetale Fibroblasten mit demselben Vektor via Elektroporation transfiziert und als Kernspenderzellen zur Erstellung von NT-Blastozysten genutzt, um dann wiederum aus deren ICM transgene ES-zellähnliche Zellen abzuleiten. Die Morulainjektion sowohl von den aus nicht transgenen IVP-Blastozysten und nachträglich transfizierten ES-zellähnlichen Zellen als auch von den aus transgenen NT-Embryonen stammenden embryonalen Zellen führte zur Geburt von neun chimären Kälbern, die mindestens in einem untersuchten Gewebe das ß-Geo-Transgen aufwiesen.

Auch beim Rind wurden zahlreiche Versuche zur Etablierung pluripotenter Zellen aus PGCs unternommen. Die fetalen Keimanlagen wurden hauptsächlich zwischen Tag 29 und 70 post conceptionem (Cherny et al., 1994; Strelchenko, 1996; Lavoir et al., 1997), aber auch später um den Tag 175 der Trächtigkeit gewonnen (Delhaise et al., 1995). Die PGCs wurden entweder durch enzymatische Behandlung oder mechanische Gewebedisaggregation isoliert und anhand der Größe oder morphologischer Kriterien wie großer Zellkern und Ausstülpen von Membranvesikeln, sog. „Blebbing", identifiziert (Leichthammer et al., 1990). Die Zellen wurden entweder auf primären embryonalen Fibroblasten oder anderen LIF-exprimierenden Feederzellen kultiviert (Cherny et al., 1994). Das Kulturmedium wurde meist mit einem Gemisch aus SCF, LIF und bFGF supplementiert

(Strelchenko, 1996). Die Pluripotenz der PGCs wurde mittels der Bildung von Embryoid bodies oder per Blastozysteninjektion und anschließendem Nachweis von fluoreszierenden PGCs in der ICM der Wirtsblastozyste gezeigt (Cherny et al., 1994). Nach Kerntransfer frisch isolierter PGCs und anschließender Übertragung der NT-Embryonen auf Empfängertiere konnten Trächtigkeiten bis Tag 40 (Delhaise et al., 1995) und 43 (Lavoir et al., 1997) erzielt werden. Später wurde die Geburt eines gesunden Kalbes nach Kerntransfer mit kultivierten PGCs und anschließender Reklonierung unter Verwendung von Blastomeren der sich entwickelnden NT-Morula gemeldet (Strelchenko et al., 1998), während ein anderes NT-Kalb von frisch isolierten PGCs kurz nach der Geburt verstarb (Zakhartchenko et al., 1999).

Schaf

Für die Etablierung oviner ES-Zellen wurden bisher Embryonen zwischen Tag 7 und 13 post conceptionem verwendet (Handyside et al., 1987; Notarianni et al., 1991; Talbot et al., 1993; Galli et al., 1994), wobei die Anheftungsrate bei den älteren Stadien höher war. Isolierte ICMs zeigten dabei eine häufigere und schnellere Anheftung auf den Feederlayern als intakte Embryonen (Piedrahita et al., 1990b). Ovine ES-zellähnliche Zellen bilden nicht wie Maus-ES-Zellen mehrlagige Kolonien, sondern wachsen als epithel-ähnliche Monolayer (Notarianni et al., 1991).
Diese Zellen konnten ihre Pluripotenz, beurteilt anhand ihres *in vitro*-Differenzierungsvermögens (Piedrahita et al., 1990b; Meinecke-Tillmann und Meinecke, 1996) und der AP-Aktiviät (Talbot et al., 1993; Galli et al., 1994), nur über einige wenige Passagen bewahren. Sie proliferierten und differenzierten relativ unbeeinflusst von der Art der Feederzellen (Piedrahita et al., 1990a). STO- und BRL-Zellen (Handyside et al., 1987), eine Reihe spezies-homologer und heterologer boviner fetaler Feederzellarten (Meinecke-Tillmann und Meinecke, 1996) sowie die Supplementierung des Kulturmediums mit LIF waren nicht geeignet die spontane Differenzierung in endodermale (Handyside et al., 1987) oder epitheliale Zellen (Campbell et al., 1996) zu verhindern. Allerdings führte die Verwendung dieser epithel-zellähnlichen Zellen als Kernspender in Klonierungsversuchen zur Geburt lebender Lämmer (Campbell et al., 1996; Wells et al., 1997). Versuche, die Pluripotenz der ovinen embryonalen Zellinien anhand von in vivo-Differenzierungsversuchen durch Injektion in immunsupprimierte Nacktmäuse (Galli et al., 1994) oder durch Chimärenerstellung und deren Keimbahnbesiedelung nach Blastozysteninjektion (Handyside et al., 1987) zu überprüfen, schlugen fehl.

ES-Zellen und Gentransfer

Ursprünglich wurden ES-Zellen zum Studium früher Entwicklungsvorgänge genutzt, z. B. für die Untersuchung der verschiedenen Zellarten im Säugetierorganismus und die Detektion entwicklungs- und zellspezifischer Genexpression (Anderson, 1992). Zum anderen können sie als Vektoren für den gezielten Gentransfer genutzt werden („Gene Targeting", Thomas und Capecchi, 1987) und durch homologe Rekombination den Austausch spezifischer DNA-Abschnitte an einem ganz bestimmten Genort ermöglichen. Dabei treten weit weniger Nebeneffekte wie z. B. Positionseffekte oder Insertionsmutationen auf, die bei zufälliger Integration des Transgens nach DNA-Mikroinjektion vorkommen können (Osterrieder und Wolf, 1998). Durch Transfektion mit entsprechenden DNA-Konstrukten können zusätzliche, auch speziesheterologe Gene an ganz bestimmten Stellen in das Genom der ES-Zellen eingeschleust oder endogene Gene ausgeschaltet werden („Knock-out"). Der Erfolg des Gentransfers kann vor der Erstellung transgener Keimbahnchimären via Blastozysteninjektion zuerst *in vitro* an der Zellkultur auf RNA- und Proteinebene überprüft werden, bevor durch entsprechende Anpaarung der transgenen Foundertiere das Genkonstrukt in die nächste Generation weitergegeben und auf diese Weise eine transgene Linie aufgebaut wird (Überblick bei Ledermann, 2000) (Abb. 26).

Dabei fokussiert die Gentransfertechnologie bei landwirtschaftlichen Nutztieren hauptsächlich auf die Verbesserung der Leistungsmerkmale wie Milchinhaltsstoffe und Schlachtkörperzu-sammensetzung, Wachstum und Futterverwertung, aber auch Merkmale wie Krankheitsresistenz und Reproduktionsleistung könnten gentechnisch bearbeitet werden. Eine weitere wichtige Anwendung liegt in der Produktion pharmazeutischer Proteine in bestimmten Organen oder Körperflüssigkeiten wie Milch und Blut („Gene Pharming") (Brem und Müller, 1994) sowie der genetischen Veränderung von Schweinen als Gewebe- oder Organspender für die Xenotranplantation (Überblick bei Platt, 1998). Transgene Schweine können aber auch als Modelltiere für spezielle Krankheitsstudien in der Humanmedizin genutzt werden, da sie dem Menschen immunologisch wie physiologisch deutlich ähnlicher als z. B. die üblich eingesetzten Labortiere Maus, Ratte und Kaninchen sind und einen breiter gefächerten genetischen Hintergrund haben (Brem und Müller, 1994). Die breite Anwendung des Gentransfers mittels ES-Zellen scheitert bei landwirtschaftlichen Nutztieren allerdings daran, daß es trotz großer internationaler Anstrengungen bislang bei keiner anderen Säugetierspezies gelungen ist, keimbahnkompetente embryonale Stammzellen zu erzeugen (Übersicht bei Prelle, 1999).

Möglichkeiten und Vorteile des Kerntransfers mit kultivierten Zellen

Auf der Suche nach Alternativen zu pluripotenten Zellen aus Embryonen oder Feten hat sich die Forschung in den letzten Jahren mehr auf die Erstellung genetisch identischer Individuen unter Verwendung somatischer, differenzierter Zellen als Kernspender in Klonierungsexperimenten konzentriert. Diese Zellen können genau wie ES-Zellen *in vitro* vermehrt, mit Genkonstrukten transfiziert und mit Hilfe geeigneter Marker auf ein spezifisches Integrationsereignis selektiert werden. Der Vorteil gegenüber der DNA-Mikroinjektion sowie gegenüber der Blastozysteninjektion von ES-Zellen liegt darin, das bereits in der ersten Nachkommengeneration alle Tiere, die aus stabil transfizierten Zellen erstellt wurden, transgen sind (Überblick bei Wolf et al., 1998). Außerdem kann das Geschlecht der Kernspenderzellen zuvor bestimmt werden und das Problem von Mosaikbildung durch eine ungleichmäßige Verteilung der Transgens auf die Keim- und Körperzellen ausgeschaltet werden (Anderson und Seidel, 1998).

Diese Methode wurde bereits bei Schaf (Schnieke et al., 1997) und Rind (Cibelli et al., 1998b) erfolgreich angewendet und würde insbesondere bei der größeren landwirtschaftlichen Nutztieren mit langem Generationsintervall und geringer Nachkommenzahl wertvolle Zeit sparen (Abb. 27). Allerdings wird eine breite Praxisanwendung dieser Technik bisher durch die noch geringe Effizienz und offene Fragen bezüglich der Wirkung unvollständiger Reprogrammierung, verkürzter Telomere, Umwelt- wie *in vitro*-Kulturbedingte Mutationen in adulten Zellen sowie deren begrenzte Überlebenszeit *in vitro* stark eingeschränkt. Dementsprechend besteht noch immer ein, wenn auch geringeres, aber berechtigtes Interesse an der Etablierung pluripotenter Zellinien landwirtschaftlicher Nutztiere.

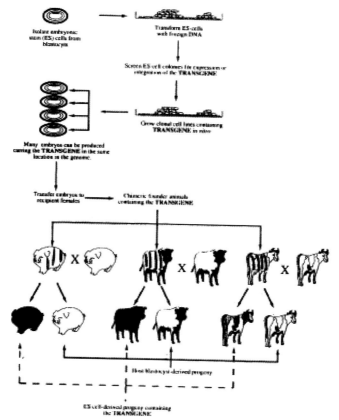

Abb. 26. Erstellung transgener Nutztiere mittels ES-Zelltechnologie (nach Wheeler, 1994).
Mögliche Anwendungen der Stammzell- und Kerntransfertechnologie in der Humanmedizin

Die Etablierung menschlicher embryonaler Stammzellinien aus überzähligen IVF-Embryonen (Thomson et al., 1998) bzw. aus primordialen Keimzellen abgetriebener Feten (Shamblott et al., 1998) ermöglicht die Übertragung zahlreicher der mit Maus-ES-Zellen gewonnen Ergebnissen auf den Menschen und eröffnet damit neue Therapiemöglichkeiten für einen Zell- und Gewebeersatz z. B. bei neurodegenerativen Erkrankungen wie Morbus Parkinson. An dieser Stelle soll noch einmal deutlich auf den in der Öffentlichkeit intensiv diskutierten Hauptkritikpunkt der ES-Zelltechnologie hingewiesen werden: die Etablierung humaner ES-Zelllinien erfordert zumindest zu Beginn den Verbrauch menschlicher Embryonen, was in Deutschland (noch) durch das Embryonenschutzgesetz verboten ist.

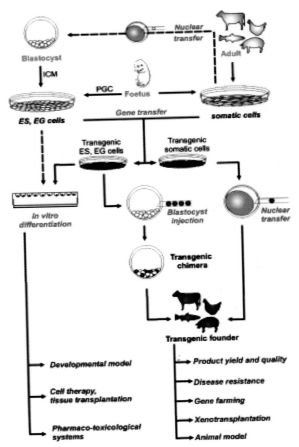

Abb. 27. Erstellung und Nutzung transgener Tiere unter Verwendung somatischer oder pluripotenter Zellen für Kerntransfer oder Blastozysteninjektion.

Die Deutsche Forschungsgemeinschaft hat kürzlich aber zumindest den Import von und die Forschung an bereits etablierten ES-Zellen in Deutschland zugelassen und hält auch eine Änderung des Embryonenschutzgesetzes in Richtung verbrauchende Embryonenforschung zur Etablierung humaner ES-Zellinien hier zu Lande für möglich.

In ersten Versuchen im Tiermodell ist gezeigt worden, daß ES-Zellen tatsächlich eine realistische Möglichkeit für Zellersatztherapien bieten können. So wurden aus ES-Zellen differenzierte Kardiomyozyten in die Herzkammer von Mäusen transplantiert, wo sie integrierten und noch nach 7 Wochen nachweisbar waren (Klug et al., 1996). Kürzlich wurde über die Bildung von Myelinscheiden in Myelindefekten Raten mit einer neurodegenrativen Erbkrankheit (Pelizäus-Merzbacher-Krankheit, Brüstle et al., 1999) und über die Wiederherstellung der motorischen Beweglichkeit von querschnittsgelähmten Ratten (McDonald et al., 1999) nach Transplantation aus ES-Zellen differenzierter Neuronen berichtet. Wenn auch diese Versuche das große therapeutische Potential von ES-Zellen in der Transplantationsmedizin deutlich machen, müssen doch vor einer Übertragung dieser Techniken auf den Menschen zahlreiche Fragen wie die Gewinnung homogener Zellpopulationen durch gerichtete Differenzierung und zellspezifische Selektion, die Verhinderung von Tumorbildung durch Kontamination des Zelltransplantats durch undifferenzierte, pluripotente ES-Zellen, sowie die immunologische Kompatibilität und langfristige Integration des Zelltransplantats gelöst werden.

Insbesondere zur Vermeidung von Abstoßungsreaktionen, wie sie bei Allotranplantaten üblich sind und denen normalerweise mit medikamentöser Immunsuppression begegnet wird, wird alternativ das Verfahren des „Therapeutischen Klonens" (Cibelli et al., 1998a; Lanza et al., 1999) zur Erstellung autologer ES-Zellen und später differenzierter Zelltransplantate diskutiert. Dieser Begriff verknüpft die dargelegten Theorien über pluripotente ES-Zellen mit ihrem breiten *in vitro*-Differenzierungspotential und die Reprogrammierung eines differenzierten Zellkerns während der Fusion mit einer Eizelle im Zuge des Kerntransfers. Dabei würde aus einer Zellbiopsie eines Patienten (vor oder nach *in vitro*-Kultivierung der somatischen Zellen) der Zellkern isoliert, mit einer entkernten Eizelle fusioniert und die Embryonen zu Morulae und Blastozysten weiterentwickelt, aus denen dann patientenspezifische ES-Zellinien etabliert und nach *in vitro*-Differenzierung spezielle Zelltypen für eine Transplantation gewonnen werden (Abb. 28).

Da die angesprochenen Probleme bei klonierten Nutztieren vermutlich auf eine unzureichende Reprogrammierung und fehlerhaftes Imprinting in der frühesten Embryonalentwicklung zurückzuführen sind und somit auch bei der Generierung individualspezifischer humaner ES-Zellen und deren weiteren Verwendung zum Tragen kommen könnten, ist eine äußerst kritische Betrachtung dieser Strategie erforderlich. Neben ethischen und juristischen Fragen sind noch zahlreiche biotechnische Probleme zu klären. Da wäre zum einen der große Bedarf an humanen Eizellen. Als Alternativen werden aber schon die Fusion mit tierischen Eizellen oder die Verwendung von künstlichen Zytoplasten aus den etablierten humanen ES-Zellen diskutiert. Des weiteren bleibt zu klären, ob die aus klonierten Embryonen isolierten ES-Zellen das gleiche Differenzierungspotential wie pluripotente Zellen aus befruchteten Embryonen besitzen (Munsie et al., 2000; Wakayama et al., 2001).

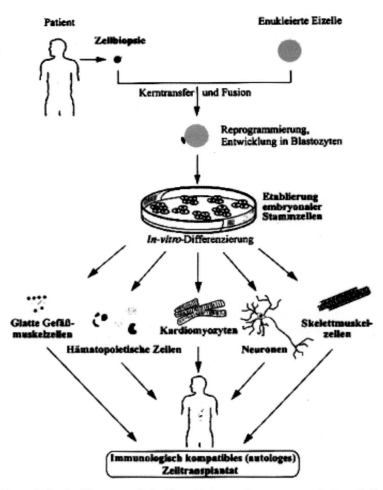

Abb. 28. Zelltherapie in der Humanmedizin über Kerntransfer von somatischen Zellen, Erstellung homologer ES-Zellen und deren *in vitro*-Differenzierung in autologe Zelltransplantate (Therapeutisches Klonen) (nach Lanza et al. 1999).

Ein besonderes Interesse gilt in diesem Zusammenhang der alternativen Verwendung somatischer Stammzellen aus dem Blut, dem Nervensystem (Gage, 1998) und dem Rückenmark (Überblick bei Weissman, 2000). Bisher bestand die Auffassung, dass das Differenzierungspotential somatischer Stammzellen auf jeweils eine „Linie" beschränkt sei. Arbeiten der letzten zwei Jahre ergaben jedoch Hinweise darauf, dass somatische Stammzellen offenbar über ein größeres Entwicklungspotential verfügen und sich so z. B. neurale Stammzellen in haematopoetische Zellen transdifferenzieren ließen (Bjornson et al., 1999) und haematopoetische Stammzellen sowohl an der Leberregeneration (Petersen et al., 1999) und der Bildung von neuralen (Eglitis und Mezey, 1997) sowie Muskelzellen (Ferrari et al., 1999) beteiligt waren.

Die Transdifferenzierung somatischer Stammzellen würde die Möglichkeit bieten, diese Zellen von adulten Spendern in autologen Transplantationsverfahren als Zell- und Gewebeersatz einzusetzen. Sobald die für die Reprogrammierung in einer Eizelle verantwortlichen Faktoren identifiziert werden könnten, bestände ferner die Möglichkeit, diese biochemisch im Labor zu produzieren und für die Reprogrammierung ganzer Kulturen differenzierter Zellen einzusetzen (Abb. 29).

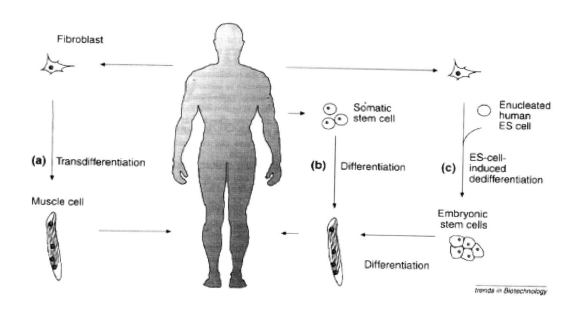

Abb. 29. Alternativen zum Therapeutischen Klonen. (A) Transdifferenzierung somatischer Zellen; (B) Differenzierung somatischer, adulter Stammzellen und Vorläuferzellen; (C) Kerntransfer und Reprogrammierung differenzierter Zellen mit ES-Zellen als Kernempfänger, Differenzierung der entstandenen humanen ES-Zellen (nach Colman und Kind, 2000).

Von der internationalen Forschergemeinde wird solchen Alternativen eine große Bedeutung und wissenschaftlich wie auch ethisch zu rechtfertigende Förderungswürdigkeit zuerkannt. Da derzeit noch nicht absehbar ist, welche Strategien im Einzelnen in medizinisch relevante Zell-Therapien münden werden, wird es darauf ankommen, sowohl mit embryonalen als auch mit somatischen Stammzellen Therapieverfahren zu entwickeln und ihre mögliche Verwendung für Zell- und Gewebeersatz an Tiermodellen zu evaluieren.

Danksagung

Für die kritische Durchsicht des Manuskripts danke ich Frau Dr. Monika Ott und Herrn Prof. Dr. Eckhard Wolf. Das Projekt im Bereich ES-Zelletablierung beim Rind wurde dankenswerter Weise durch die Bayerische Forschungsstiftung gefördert.

Literaturverzeichnis

Anderson, G. B. (1992): Isolation and use of embryonic stem cells from livestock species. Anim Biotech 3, 165-175.

Anderson, G. B., Choi, S. J. und BonDurant, R. H. (1994): Survival of porcine inner cell masses in culture and after injection into blastocysts. Theriogenology 42, 204-212.

Anderson, G. B. und Seidel, G. E. (1998): Cloning for profit. Science 280, 1400-1401.

Bjornson, C. R. R., Rietze, R. L., Reynolds, B. A., Magli, M. C. und Vescovi, A. L. (1999): Turning brain into blood: A hematopoietic fate adopted by adult neural stem cells in vivo. Science 283, 534-537.

Bradley, A., Evans, M., Kaufman, M. mH. und Robertson, E. (1984): Formation of germ line chimeras from embryo-derived teratocarcinoma cell lines. Nature 309, 255-256.

Brem, G. und Müller, M. (1994): Large transgenic animals. In: Maclean N (Ed): Animals with novel genes. S. 179-244. Cambridge: Cambridge University Press.

Brüstle, O., Jones, N. K., Learish, R. D., Karram, K., Choudhary, K., Wiestler, O. D., Duncan, I. D. und MaKay, R. D. G. (1999): Embryonic stem cell-derived glial precursors: A source of myelinating transplants. Science 285, 54-65.

Campbell, K. H. S., McWhir, J., Ritchie, W. A. und Wilmut, I. (1996): Sheep cloned by nuclear transfer from a cultured cell line. Nature 380, 64-66.

Chang, I.-K., Jeong, D. L., Hong, Y. H., Park, T. S., Moon, Y. K., Ohno, T. und Han, J. Y. (1997): Production of germ line chimeric chickens by transfer of cultured primordial germ cells. Cell Biol Int 21, 495-499.

Cherny, R. A., Stokes, T. M., Merei, J., Lom, L., Brandon, M. R. und Williams, R. L. (1994): Strategies for the isolation and characterization of bovine embryonic stem cells. Reprod Fert Dev 6, 569-575.

Cibelli, J. B., Stice, S. L., Golueke, P. G., Kane, J. J., Jerry, J., Blackwell, E. S. C., Ponce de Leon, F. A. und Robl, J.M. (1998a): Transgenic bovine chimeric offspring produced from somatic cell-derived stem-like cells. Nature Biotech 16, 642-646.

Cibelli, J. B., Stice, S. L., Golueke, P. G., Kane, J. J., Jerry, J., Blackwell, E. S. C., Ponce de Leon, F. A. und Robl, J. M. (1998b): Cloned transgenic calves produced from nonquiescent fetal fibroblasts. Science 280, 1256-1258.

Delhaise, F., Ectors, F. J., De Roover, R., Ectors, F. und Dessy, F. (1995): Nuclear transplantation using bovine primordial germ cells from male fetuses. Reprod Fertil Dev 7, 1217-1219.

Doetschman, T. C., Eistetter, H. R., Katz, M., Schmidt, W. und Kemler, R. (1985): The *in vitro* development of blastocyst-derived embryonic stem cell lines: formation of visceral yolk sac, blood islands and myocardium. J Embryol Exp Morphol 87, 27-45.

Du, F., Giles, J.R., Foote, R. H., Graves, K. H., Yang, X. und Moreadith, R. W. (1995): Nuclear transfer of putative rabbit embryonic stem cells leads to normal blastocyst development. J Reprod Fert 104, 219-223.

Durcova-Hills, G., Prelle, K., Müller, S., Stojkovic, M., Motlik, J., Wolf, E. und Brem, G. (1998): Primary culture of porcine PGCs requires LIF and porcine membrane-bound stem cell factor. Zygote 6, 271-275.

Eddy, E. M., Clark, J. M., Gong, D. und Fenderson, B., A. (1981): Origin and migration of primordial germ cells in mammals. Gam Res 4, 333-362.

Eglitis, M. A. und Mezey, E. (1997): Hematopoietic cells differentiate into both microglia and macroglia in the brains of adult mice. Proc Natl Acad Sci USA 94, 4080-4085.

Eistetter, H. R. (1989): Pluripotent embryonal stem cell lines can be established from disaggregated mouse morulae. Dev Growth Diff 31, 275-282.

Etches, R. J., Clark, M. E., Toner, A., Liu, G. und Verrinder Gibbins, A. M. (1996): Contribution to somatic and germ line lineage of chicken blastodermal cells maintained in culture. Mol Reprod Dev 45, 291-298.

Evans, M. J. und Kaufman, M.H. (1981): Establishment in culture of pluripotential cells from mouse embryos. Nature 292, 154-156.

Evans, M. J., Notarianni, E., Laurie, S. und Moor, R. M. (1990): Derivation and preliminary characterization of pluripotent cell lines from porcine and bovine blastocysts. Theriogenology 33, 125-128.

Ferrari, G., Cusella-De Angelis, G., Coletta, M., Paolucci, E., Stornaiuolo, A., Cossu, G. und Mavilio, F. (1998): Muscle regeneration by bone marrow-derived myogenic progenitors. Science 279, 1528-1530.

First, N. L., Sims, M. M., Park, S. P. und Kent-First, M. J. (1994): Systems for production of calves from cultured bovine embryonic cells. Reprod Fertil Dev 6, 553-562.

Gage, F. H. (1998): Cell therapy. Nature 392 (suppl.), 18-24.

Galli, C., Lazzari, G., Flechon, J. E. und Moor, R. M. (1994): Embryonic stem cells in farm animals. Zygote 2, 385-389.

Geisert, R. D., Brookbank, J. W., Roberts, R. M. und Bazer, F. W. (1982): Establishment of pregnancy in the pig II: cellular remodelling of the porcine blastocyst during elongation on Day 12 of pregnancy. Biol Reprod 27, 941-955.

Gerfen, R.W. und Wheeler, M. B. (1995): Isolation of embryonic cell lines from porcine blastocysts. Anim Biotech 6, 1-14.

Giles, J. R., Yang, X., Mark, W. und Foote, R. H. (1993): Pluripotency of cultured rabbit inner cell mass cells detected by isozyme analysis and eye pigmentation of fetuses following injection into blastocysts or morulae. Mol Reprod Dev 36, 130-138.

Graves, K. H. und Moreadith, R. W. (1993): Derivation and characterisation of putative pluripotential embryonic stem cells from preimplantation rabbit embryos. Mol Reprod Dev 36, 424-433.

Handyside, A., Hooper, M. L., Kaufman, M. H., Wilmut, I. (1987): Towards the isolation of embryonal stem cell lines. Roux's Arch Dev Biol 196, 185-190.

Hochereau-de Reviers, T. M. und Perreau, C. (1993): *In vitro* culture of embryonic disc cells from porcine blastocysts. Reprod Nutr Dev 33, 475-483.

Klug, M. G., Soonpa, M. H., Koh, G. Y. und Field, L. J. (1996): Genetically selected cardiomyocytes from differentiating embryonic stem cells form stable intracardiac grafts. J Clin Invest 98, 216-224.

Labosky, P. A., Barlow, D. P. und Hogan, B. M. L. (1994): Mouse embryonic germ (EG) cell lines: transmission through the germ line and differences in the methylation imprint of insulin-like growth factor 2 receptor (Igf2r) gene compared with embryonic stem (ES) cell lines. Development 120, 3197-3204.

Lanza, R. P., Cibelli, J. B. und West, M. D. (1999): Human therapeutic cloning. Nature Med 5, 975-976.

Lavoir, M.-C., Rumph, N., Moens, A., King, W. A., Plante, Y., Johnson, W. H., Ding, J. und Betteridge, K. J. (1997): Development of bovine nuclear transfer embryos made with oogonia. Biol Reprod 56, 194-199.

Ledermann, B. (2000): Embryonic stem cells and gene targeting. Exp Physiol 85.6, 603-613.

Leichthammer, F., Baunack, E. und Brem, G. (1990): Behaviour of living primordial germ cells of livestock *in vitro*. Theriogenology 33, 1221-1230.

Martin, G. R. und Evans, M. J. (1975): Differentiation of clonal lines of teratocarcinoma cells: formation of embryoid bodies *in vitro*. Proc Natl Acad Sci USA 72, 1441-1445.

Martin, G. (1981): Isolation of a pluripotent cell line from early mouse embryos cultured in medium conditioned by teratocarcinoma stem cells. Proc Natl Acad Sci USA 78, 7634-7638.

Matsui, Y., Zsebo, K. und Hogan, B. L. M. (1992): Derivation of pluripotential embryonic stem cells from murine primordial germ cells in culture. Cell 70, 841-847.

McDonald, J. W., Liu, X.-Z., Qu, Y., Mickey, S. K., Turetsky, D., Gottlieb, D. I. und Choi, D.W. (1999): Transplanted embryonic stem cells survive, differentiate and promote recovery in injured rat spinal cord. Nature Med 5, 1410-1413.

Meinecke-Tillmann, S. und Meinecke, B. (1996): Isolation of ES-like cell lines from ovine and caprine pre-implantation embryos. J Anim Breed Genet 113, 413-426.

Moens, A., Chastant, S., Chesne, P., Flechon, J.-E., Betteridge, K. J. und Renard, J.-P. (1996): Differential ability of male and female rabbit fetal germ cell nuclei to be reprogrammed by nuclear transfer. Differentiation 60, 339-345.

Moens, A., Flechon, B., Degrouard, J., Vignon, X., Ding, J., Flechon, J.-E., Betteridge, K. J. und Renard, J.-P. (1997): Ultrastructural and immunocytochemical analysis of diploid germ cells isolated from fetal rabbit gonads. Zygote 5, 47-60.

Moore, K. und Piedrahita, J. A. (1996): Effects of heterologous hematopoietic cytokines on *in vitro* differentiation of cultured porcine inner cell masses. Mol Reprod Dev 45, 139-144.

Moore, K. und Piedrahita, J. A. (1997): The effects of human leukemia inhibitory factor (HLIF) and culture medium on *in vitro* differentiation of cultured porcine inner cell mass (PICM). *In vitro* Cell Dev Biol - Animal 33, 62-71.

Müller, S., Prelle, K., Rieger, N., Lassnig, C., Luksch, U., Petznek, H., Aigner, B., Baetscher, M., Wolf, E., Müller, M. und Brem, G. (1999): Chimeric pigs following blastocyst injection of transgenic porcine primordial germ cells. Mol Reprod Dev 54, 244-254.

Munsie, M. J., Michalska, A. E., O'Brien, C. M., Trounson, A. O., Pera, M. F. und Mountford, P. S. (2000): Isolation of pluripotent embryonic stem cells from reprogrammed adult mouse somatic cell nuclei. Curr Biol 10, 989-992.

Nagy, A., Gocza, E., Diaz, E. M., Prideaux, V. R., Ivanyi, E., Markkula, M. und Rossant, J. (1990): Embryonic stem cells alone are able to support fetal development in the mouse. Development 110, 815-821.

Nichols, J. F., Evans, E. P., und Smith, A. G. (1990): Establishment of germ line-competent embryonic stem (ES) cells using differentiation inhibiting activity. Development 110, 1341-1348.

Notarianni, E., Laurie, S., Moor, R. M. und Evans, M. J. (1990): Maintenance and differentiation in culture of pluripotential embryonic cell lines from pig blastocysts. J Reprod Fert (suppl) 41, 51-56.

Notarianni, E., Galli, C., Laurie, S., Moor, R. M. und Evans, M. J. (1991): Derivation of pluripotent, embryonic cell lines from the pig and sheep. J Reprod Fert (suppl) 43, 255-260.

Notarianni, E., Laurie, S., Ng, A. und Sathasivam, K. (1997): Incorporation of cultured embryonic cells into transgenic and chimeric porcine fetuses. Int J Dev Biol 41, 537-540.

Osterrieder, N. und Wolf, E. (1998): Lessons from gene knockouts. Rev Sci Tech 17, 351-364.

Pain, B., Clark, M. E., Shen, M., Nakazawa, H., Sakura, M., Samarut, J. und Etches, R. J. (1996): Long-term *in vitro* culture and characterisation of avian embryonic stem cells with multiple morphogenic potentialities. Development 122, 2339-2348.

Pedersen, R. A. (1994): Studies of *in vitro* differentiation with embryonic stem cells. Reprod Fertil Dev 6, 543-552.

Petersen, B. E., Bowen, W. C., Patrene, K. D., Mars, W. M., Sullivan, A. K., Muras, E. N., Boggs, S. S., Greenberger, J. S. und Goff, J. P. (1999): Bone marrow as a potential source of hepatic oval cells. Science 284, 1168-1170.

Petitte, J. N., Clark, M. E., Liu, G., Verrinder Gibbins, A. M. und Etches, R.,J. (1990): Production of somatic and germ line chimeras in the chicken by transfer of early blastodermal cells. Development 108, 185-189.

Piedrahita, J. A., Anderson, G. B. und BonDurant, R. H. (1990a): Influence of feeder layer type on the efficiency of isolation of porcine embryo-derived cell lines. Theriogenology 34, 865-877.

Piedrahita, J. A., Anderson, G. B. und BonDurant, R. H. (1990b): On the isolation of embryonic stem cells: a comparative behaviour of murine, porcine and ovine embryos. Theriogenology 34, 879-901.

Piedrahita, J. A., Moore, K., Lee, C., Oetama, B., Weaks, R., Ramsoondar, J., Thomson, J. und Vasquez, J. (1997): Advances in the generation of transgenic pigs via embryo-derived and primordial germ cell-derived cells. J Reprod Fert (suppl) 52, 245-254.

Piedrahita, J. A., Moore, K., Oetama, B., Lee, C.-K., Scales, N., Ramsoondar, J., Bazer, F. W. und Ott, T. (1998): Generation of transgenic porcine chimeras using primordial germ cell-derived colonies. Biol Reprod 58, 1321-1329.

Platt, J. L. (1998): New directions for organ transplantation. Nature 392 (suppl), 11-17.

Prelle, K., Füllgrabe, H. und Holtz, W. (1993): Isolation of the inner cell mass (ICM) for the establishment of embryonic stem cells. J Reprod Fert, Abstr Series 12, 6.

Prelle, K., Wobus, A. M., Wolf, E., Neubert, N. und Holtz, W. (1994): Effects of growth factors on the in vitro development of porcine inner cell masses isolated by calcium ionophore A23187. J Reprod Fert, Abstr Series 13, 41.

Prelle, K., Wobus, A. M. und Holtz, W. (1995): Porcine inner cell masses grow undifferentiated in the presence of STO cells and bFGF. J Reprod Fert, Abstr Series 15, 72.

Prelle, K., Stojkovic, M., Brielmeier, M. und Wolf, E. (1996a): Beneficial effects of thiol compounds on hatching rate and ICM outgrowth of bovine IVM/IVF embryos. Biol Reprod 54, (suppl), 172 (abstr).

Prelle, K., Stojkovic, M., Brem, G. und Wolf, E. (1996b): Isolation of bovine inner cell masses for the establishment of pluripotent cell lines. Proc 13th Inter Congress Anim Reprod, P21-6 (abstr).

Prelle, K., Sinowatz, F. und Wolf, E. (1997): Effects of different thiol compounds on the ultrastructure of inner cell mass cells of bovine embryos. Theriogenology 47, 244 (abstr).

Prelle, K., Vassiliev, I. M., Vassilieva, S. G., Wolf, E. und Wobus, A. M(1999).: Establishment of pluripotent cell lines from vertebrate species – present status and future prospects. Cell Tissues Organs 165, 220-236.

Prelle, K., Holtz, W. und Osborn, M. (2001): Immunocytochemical analysis of vimentin expression patterns in porcine embryos suggests mesodermal differentiation from day 9 after conception. Anat Histo Emb (in press).

Resnick, J. L., Bixler, L. S., Cheng, L. und Donovan, P. L. (1992): Long-term proliferation of mouse primordial germ cells in culture. Nature 359, 550-551.

Robertson, E. J. (1987): Embryo-derived stem cell lines; In: Robertson, E.J. (Ed): Teratocarcinomas and Embryonic Stem Cells: A practical Approach; 71-112. Oxford, IRL Press .

Rohwedel, J., Sehlmeyer, U., Shan, J., Meister, A. und Wobus, A. M. (1996): Primordial germ cell-derived mouse embryonic germ (EG) cells *in vitro* resemble undifferentiated stem cells with respect to differentiation capacity and cell cycle distribution. Cell Biol Int 20, 579-587.

Ropeter-Scharfenstein, M., Neubert, N., Prelle, K., Holtz, W. (1996): Identification, isolation, and culture of pluripotent cells from the porcine inner cell mass. J Anim Breed Gen 113, 427-436.

Saito, S., Strelchenko, N. und Niemann, H. (1992): Bovine embryonic stem cell-like lines cultured over several passages. Roux's Arch Dev Biol 201, 134-141.

Schnieke, A. E., Kind, A. J., Ritchie, W., R., Mycock, K., Scott, A. R., Ritchie, M., Wilmut, I., Colman, A. und Campbell, K. S. (1997): Human factor IX transgenic sheep produced by transfer of nuclei from transfected fetal fibroblasts. Science 278, 2130-2133.

Schöler, H. R., Hatzopoulos, A. K., Balling, R., Suzuki, N. und Gruss, P. (1989): A family of octamer specific proteins present during mouse embryogenesis: evidence for germ line-specific expression of an Oct factor. EMBO 8, 2543-2550.

Schoonjans, L., Albricht, G. M., Li, J.-L., Collen, D. und Moreadith, R. W. (1996): Pluripotential rabbit embryonic stem (ES) cells are capable of forming overt coat colour chimeras following injection into blastocysts. Mol Reprod Dev 45, 439-443.

Shamblott, M. J., Axelman, J., Wang, S., Bugg, E. M., Littlefield, J. W., Donovan, P. J., Blumenthal, P. D., Huggins, G. R. und Gearhart, J. D. (1998): Derivation of pluripotent stem cells from cultured human primordial germ cells. Proc Natl Acad Sci USA 95, 13726-13731.

Shim, H., Gutierrez-Adan, A., Chen, L. R., BonDurant, R. H., Behboodi, E. und Anderson, G. B. (1997): Isolation of pluripotent stem cells from cultured porcine primordial germ cells. Biol Reprod 57, 1089-1095.

Shim, H. und Anderson, G. B. (1998): *In vitro* survival and proliferation of porcine primordial germ cells. Theriogenology 49, 521-528.

Sims, M. und First, N. L. (1993): Production of calves by transfer of nuclei from cultured inner cell mass cells. Proc Natl Acad Sci USA 90, 6143-6147.

Smith, A. G. und Hooper, M. L. (1987): Buffalo rat liver cells produce a diffusible activity which inhibits the differentiation of murine embryonal carcinoma and embryonic stem cells. Dev Biol 121, 1-9.

Solter, D. und Knowles, B. B. (1975): Immunosurgery of mouse blastocyst. Proc Natl Acad Sci USA 72, 5099-5102.

Solter, D. und Knowles, B. B. (1978): Monoclonal antibody defining a stage-specific mouse embryonic antigen (SSEA-1). Proc Natl Acad Sci USA 75, 5565-5569.

Stewart, C. L., Gadi I. und Bhatt, H. (1994): Stem cells from primordial germ cells can reenter the germ line. Dev Biol 161, 626-628.

Stice, S. L., Strelchenko, N. S., Keefer, C. L. und Matthews, L. (1996): Pluripotent bovine embryonic cell lines direct development following nuclear transfer. Biol Reprod 54, 100-110.

Strelchenko, N. (1996): Bovine pluripotent stem cells. Theriogenology 45, 131-140.

Strelchenko, N., Betthauser, J., Jurgella, G., Farsberg, E., Damiani, P. und Golueke, P. (1998): Use of somatic cells in cloning. Proc Gen Engineering & Cloning Anim, Park City, Utah (abstr.).

Strojek, R. M., Reed, M. A., Hoover, J. L. und Wagner, T. E. (1990): A method for cultivation morphologically undifferentiated embryonic stem cells from porcine blastocysts. Theriogenology 33, 901-913.

Strojek-Baunack, R. M., Bürkle, K., Burich, K., Hense, S., Reintjes, C. und Hahn, J. (1991): Kokultivierung von Rinderblastozysten unter verschiedenen Bedingungen *in vitro*. Fertilität 7, 77-84.

Takagi, Y., Talbot, N. C., Rexroad, C. E. und Pursel, V. G.: Identification of pig primordial germ cells by immunocytochemistry and lectin binding. Mol Reprod Dev 46, 567-580 (1997).

Talbot, N. C., Rexroad, C. E., Pursel, V. G. und Powell, A. M. (1993): Alkaline phosphatase staining of pig and sheep epiblast cells in culture. Mol Reprod Dev 36, 139-147.

Talbot, N. C., Powell, A. M. und Rexroad, C. E. (1995): *In vitro* pluripotency of epiblast derived from bovine blastocysts. Mol Reprod Dev 42, 35-52.

Thomas, K. R. und Capecchi, M. R. (1987): Site-directed mutagenesis by gene targeting in mouse embryo-derived stem cells. Cell 51, 503-512.

Thomson, J. A., Itskovitz-Eldor, J., Shapiro, S. S., Waknitz, M. A., Swiergiel, J. J., Marshall, V. S. und Jones, J. M. (1998): Embryonic stem cell lines derived from human blastocysts. Science 282, 1145-1147.

Thorval, P., Lasserre, F., Coudert, F. und Dambrine, G. (1994): Somatic and germ line chicken chimeras obtained from Brown and White Leghorns by transfer of early blastodermal cells. Poultry Sci 73, 1897-1905.

Vasilieva, S. G., Prelle, K., Müller, S., Besenfelder, U., Müller, M. und Brem, G. (1998): Establishment and long-term culture of rabbit ES cells. Russ J Dev Biol 5, 347-353.

Wakayama, T., Tabar, V., Rodriguez, I., Perry, A. C. F., Studer, L. und Mombaerts, P. (2001): Differentiation of embryonic stem cell lines generated from adult somatic cells by nuclear transfer. Science 292, 740-743.

Weissman, I. L. (2000): Translating stem and progenitor cell biology to the clinic: Barriers and opportunities. Science 287, 1442-1446

Wells, D. N., Misica, P. M., Day, T. A. M. und Tervit, H. R. (1997): Production of cloned lambs from an established embryonic cell line: a comparison between in vivo- and *in vitro*-matured cytoplasts. Biol Reprod 57, 385-393.

Wheeler, M. B. (1994): Development and validation of swine embryonic stem cells: a review. Reprod Fert Dev 6, 563-568.

Wianny, F., Perreau, C. und Hochereau de Reviers, M.T. (1997): Proliferation and differentiation of porcine inner cell mass and epiblast *in vitro*. Biol Reprod 57, 756-764.

Wobus, A. M., Holzhausen, H., Jäkel, P. und Schöneich, J. (1984): Characterization of a pluripotent stem cell line derived from a mouse embryo. Exp Cell Res 152, 212-219.

Wobus, A. M., Wallukat, G. und Hescheler, J. (1991): Pluripotent mouse embryonic stem cells are able to differentiate into cardiomyocytes expressing chronotropic responses to adrenergic and cholinergic agents and Ca^{2+} channel blockers. Differentiation 48, 173-182

Wolf, E., Zakhartchenko, V. und Brem, G. (1998): Nuclear transfer in mammals: Recent developments and future perspectives. J. Biotech 65, 99-110.

Wood, S. A., Allen, N. D., Rossant, J., Auerbach, A. und Nagy, A. (1993): Non-injection method for the production of embryonic stem cell-embryo chimeras. Nature 365, 87-89.

Zakhartchenko, V., Durcova-Hills, G., Schernthaner, W., Stojkovic, M., Reichenbach, H.-D., Müller, S., Steinborn, R., Müller, M., Wenigerkind, H., Prelle, K., Wolf, E. und Brem, G. (1999): Potential of fetal germ cells for nuclear transfer in cattle. Mol Reprod Dev 52, 421-426.

Spermientrennung: Visionen und Fakten

Eckhard Wolf, Eckhard Marc Boelhauve und Horst-Dieter Reichenbach

Einleitung

Der Einsatz von Bio- und Gentechnologie in der Tierzucht kann über verschiedene Faktoren den Zuchtfortschritt beschleunigen (Abb. 30; Übersichten: Förster und Wolf, 1998, Wolf, 2000). Durch die Genomanalyse und die darauf basierende Entwicklung gendiagnostischer Tests wird eine präzisere Auswahl der besten Zuchttiere möglich. Die Zuchtwertschätzung wird zumindest partiell durch eine Zuchtwertdiagnose abgelöst werden. Zudem ist die Genomanalyse die Basis für eine verläßliche Beschreibung genetischer Variation in Nutztierpopulationen und damit die Voraussetzung für effiziente Strategien zur Konservierung genetischen Materials.

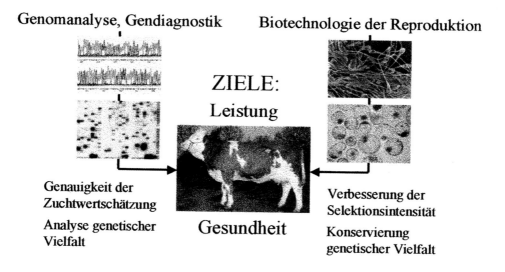

Abb. 30. Bedeutung von Genomanalyse und Biotechniken der Fortpflanzung in der Rinderzucht.

Biotechniken der Fortpflanzung, begonnen bei der künstlichen Besamung über den Embryotransfer bis hin zu neueren Techniken, wie der *Ex-vivo*-Gewinnung von Eizellen, der *In-vitro*-Produktion von Embryonen und der Klonierung durch Embryo-Splitting oder durch Kerntransfer ermöglichen es, die Zahl der Nachkommen wertvoller Zuchttiere zu erhöhen und damit die Selektionsintensität zu steigern. In diesen Komplex fallen auch die Geschlechtsbestimmung von Embryonen sowie die Trennung von Spermien in X- und Y-Chromosomtragende Fraktionen.
Dieser Beitrag skizziert verfügbare Methoden für das Embryo-Sexing und die Spermientrennung

sowie deren Bedeutung für die Rinderzucht. Zudem werden Möglichkeiten der Entwicklung neuer Trennverfahren für Spermien sowie Ansätze zur genetischen Modifikation von Nutztieren, die zu einer erhöhten Befruchtungschance X- bzw. Y-Chromosomtragender Spermien führen können, aufgezeigt.

Geschlechtsbestimmung bei Embryonen

Für die Geschlechtsbestimmung von Embryonen steht eine Vielzahl von Methoden zur Verfügung. Diese basieren auf dem Nachweis Geschlechtschromosomenspezifischer Sequenzen in Biopsien, die von Morulae (Absaugen von Blastomeren) oder Blastozysten (Biopsie des Trophektoderms) gewonnen werden. Die nachzuweisenden Zielsequenzen können entweder Abschnitte von Genen, z.B. ZFX/ZFY (Aasen und Medrano, 1990), Amelogenin (Chen et al., 1999), oder aber repetitive Sequenzen sein (Bredbacka et al., 1995). In beiden Fällen erfolgt der Nachweis nach Amplifikation mit der Polymerase-Kettenreaktion (PCR) durch Anfärbung mit einem DNA-Farbstoff (z.B. Ethidiumbromid) entweder nach Auftrennung der PCR-Produkte in einem Agarosegel (Abb. 31) oder direkt im Reaktionsgefäß (Übersicht: Seidel, 1999).

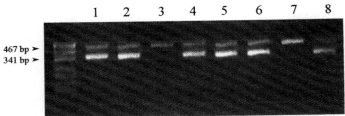

Abb. 31. Geschlechtsbestimmung von Embryonen durch PCR-Amplifikation von bAML-X/bAML-Y-spezifischen Sequenzen. Die Embryonen 3 und 7 sind weiblich, der Rest männlich.

Obwohl die Geschlechtsbestimmung von Embryonen technisch gelöst ist, hat sie in der Praxis – entgegen der anfänglichen Euphorien – keine große Bedeutung erlangt. Hauptgründe dafür sind die hohen Kosten und die Tatsache, daß im Durchschnitt bei 4 Embryonen die Geschlechtsbestimmung durchgeführt werden muß, um ein Kalb des gewünschten Geschlechts zu erhalten. Der Kostenfaktor relativiert sich, wenn neben dem Geschlecht weitere Marker in die Diagnostik einbezogen werden. Allerdings gehen, wenn die Geschlechtsauswahl erst nach der Befruchtung erfolgt, 50% der Eizellen wertvoller Spendertiere verloren. Wird das Verfahren unter Praxisbedingung durchgeführt, besteht eine erhöhte Kontaminationsgefahr und damit das Risiko falscher Ergebnisse. Zudem wird bei der Embryobiopsie die *Zona pellucida* verletzt, woraus sich Probleme hinsichtlich der Exportbestimmungen für Embryonen ergeben.

Spermientrennung in X- und Y-Chromosom-tragende Fraktionen

Viele der o.g. Probleme der Geschlechtsbestimmung von Embryonen können vermieden werden, wenn die Auswahl des gewünschten Geschlechts bereits vor der Befruchtung erfolgt. Die dafür erforderliche Trennung von Spermien in X- und Y-Chromosomtragende Fraktionen wird dadurch erschwert, daß beide Spermienpopulationen sich nur marginal unterscheiden. Dies ist die Konsequenz verschiedener Mechanismen, die zu einer für die meisten Spezies unter natürlichen Bedingungen sinnvollen Befruchtungschance von 50:50 für X- und Y-Chromosomtragende Spermien führen (Übersicht: Seidel, 1999). Zu diesen Mechanismen gehören:

- die fast über den gesamten Verlauf der Spermatogenese bestehende Verbindung zwischen den Keimzellen über Zytoplasmabrücken
- die transkriptionelle Inaktivierung der Geschlechtschromosomen während der Meiose und der Spermatogenese
- die Reduktion der Genexpression insgesamt während der späten Phasen der Spermatogenese
- der relativ einheitliche Überzug der Spermien mit Makromolekülen während und nach der Spermatogenese (z.B. Proteine aus dem Seminalplasma: Hoeflich et al., 1999).

In der Literatur finden sich Berichte über Unterschiede im DNA-Gehalt, im Volumen der Spermienköpfe, in der Motilität, im spezifischen Gewicht, in der Oberflächenladung wie auch in der Oberflächenantigenität, wobei bislang nur der Unterschied im DNA-Gehalt eine solide Basis für die Trennung darstellt (Übersicht: Seidel, 1999, Johnson und Welch, 1999). Die Tatsache, daß das Y-Chromosom kleiner als das X-Chromosom ist, macht bei verschiedenen Spezies einen Unterschied des DNA-Gehalts der jeweiligen Spermien in der Größenordnung von 2,8% (Mensch) bis 7,5% (Chinchilla) aus (Abb. 32; Johnson und Welch, 1999). Dieser Unterschied kann nach Anfärbung der DNA vorbehandelter Spermien mit einem Fluorochrom (Bisbenzimid; Hoechst 33342), das präferentiell an A-T reiche Sequenzen bindet, dargestellt und als ein Trennkriterium für eine Fluoreszenzaktivierte Zellsortierung verwendet werden. Aufgrund der unregelmäßigen Form der Spermien (Paddelform bei Rinderspermien) ist allerdings eine besondere Modifikation der Zellsorter erforderlich, indem vor der eigentlichen Sortierung nach DNA-Gehalt über einen zweiten, vorgeschalteten Laser die Ausrichtung der Spermien kontrolliert wird. Der Anteil der korrekt für die Sortierung ausgerichteten Spermien liegt bei neueren Geräten in der Größenordnung von 70% (Johnson und Welch, 1999). Die Spermien passieren in individuellen Flüssigkeitströpfchen, die je nach DNA-Gehalt des Spermiums positiv oder negativ geladen werden, einen Sortierkanal und werden durch Kondensatorplatten in entsprechende Auffanggefäße abgelenkt (Abb. 33).

Durch technische Weiterentwicklungen ermöglichen High-Speed-Sorter heute einen Durchsatz von 10 Millionen getrennten Spermien pro Stunde mit einer Genauigkeit von 95% (Johnson und Welch, 1999). Inzwischen liegen auch erste Besamungsergebnisse vor, wonach mit niedrigen Dosen von sortierten Spermien (1-3 x 10^6 in das *Corpus uteri* oder tief intrauterin) bei Färsen Trächtigkeitsraten von bis über 50% unter idealen Versuchsbedingungen erzielt wurden (Seidel et al., 1999). Allerdings bleibt abzuwarten, inwieweit sich diese Ergebnisse mit Sperma von Bullen durchschnittlicher Fertilität unter Praxisbedingungen bestätigen lassen.

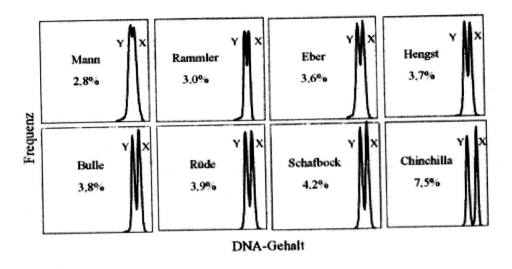

Abb. 32. Unterschied im DNA-Gehalt von X- und Y-Chromosomtragenden Spermien bei verschiedenen Spezies.

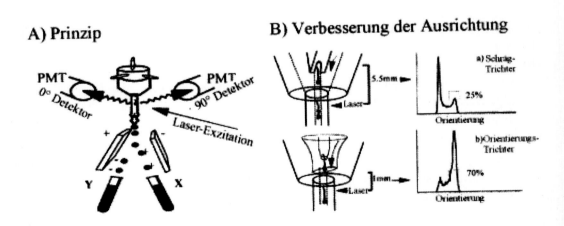

Abb. 33. Prinzip der Spermientrennung durch Flow-Cytometrie.

Wesentliche Nachteile der Spermientrennung durch Flow-Cytometrie sind die hohen Investitionskosten (Größenordnung ca. 1 Million DM), die Notwendigkeit von speziell ausgebildetem Personal sowie die Tatsache, daß das Verfahren patentiert und die Lizenzvergabepolitik unklar ist. Der größte Nachteil ist allerdings die mangelhafte Trennungsausbeute der Flow-Sorter, da nur ca. 5 % der eingesetzten Spermien in den Fraktionen gewonnen werden können. Daher ist ein Einsatz getrennter Spermien von Spitzen-Bullen in der Praxis nicht finanzierbar. Diese Punkte erfordern dringend die Entwicklung alternativer Verfahren.

Eine Möglichkeit ist die sog. Free-Flow-Elektrophorese (FFE), die bereits erfolgreich zur Trennung einer Vielzahl von Biopartikeln eingesetzt wurde (z.B. Voelkl et al., 1997). Das Prinzip dieses Verfahrens ist, daß die zu trennenden Partikel sich in einem Strom von Trennmedium zwischen zwei Glasplatten bewegen können, wobei senkrecht zur Fließrichtung des Mediums ein elektrisches Feld auf der gesamten Länge der Trennkammer angelegt wird (Abb. 34).

Free-Flow-Elektrophorese (FFE)

A) Prinzip

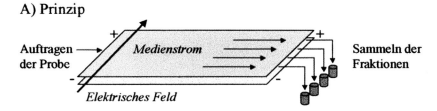

B) Potentielle Vorteile

♦ Vergleichsweise hohe Durchsatzkapazität möglich
♦ Erfolgreiche Trennung von Biopartikeln aufgrund von Ladungs-differenzen
♦ Zahlreiche Modifikationen am Gerät kurzfristig durchführbar
♦ Gerätekosten ca. 70000 DM
♦ Kein Patentschutz für die Trennung von Spermien

Abb. 34. Prinzip und Bewertung der Free-Flow-Elektrophorese (FFE).

Im Rahmen eines Verbundprojekts, das vom Bayerischen Forschungszentrum für Fortpflanzungsbiologie GmbH & Co KG koordiniert und vom Bundesministerium für Bildung und Forschung teilfinanziert wird, arbeiten wir an der Weiterentwicklung des Verfahrens, um damit Spermien aufgrund unterschiedlicher Oberflächenladungen in X- und Y-Chromosomtragende Fraktionen trennen zu können. Bereits im ersten Jahr seit Projektbeginn ist es gelungen, Spermaportionen zu fraktionieren, wobei allerdings nach ersten Untersuchungen die erhaltenen Fraktionen bislang noch nicht signifikant aufgrund des Gehalts eines X- bzw. Y-Chromosoms entstanden sind (Abb. 35). Die getrennten Spermien verfügen nach der Trennung über eine nur gering eingeschränkte

Befruchtungsfähigkeit. Die FFE bietet aber eine Vielzahl weiterer Möglichkeiten zur Modifikation des Trennverfahrens, wodurch auch eine Trennung in X- und Y-Chromosomtragende Fraktionen möglich werden sollte.

Bei allen denkbaren Trennverfahren ist immer mit einem Verlust an ungeeigneten Spermien zu rechnen, so daß sich die Frage stellt, ob sich Spitzen-Bullen für die Praxisanwendung, im Gegensatz zum *In-vitro*-Einsatz, eignen werden.

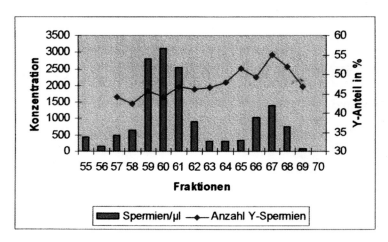

Abb. 35. Erste Ergebnisse der Spermientrennung mittels FFE. Die separierten Spermienfraktionen wurden mit einer hochrepetitiven, fluoreszenzmarkierten Y-spezifischen -DNA-Sonde angefärbt und unter einem Fluoreszenzmikroskop einzeln ausgezählt.

Die Bedeutung von getrenntem Sperma für die *In-vitro*-Befruchtung vor allem von *Ex-vivo*-gewonnenen Eizellen wie auch für den Einsatz in der künstlichen Besamung ist in Abb. 36 dargestellt.

Genetische Kontrolle der Spermienmotilität

Im Vergleich zur Separation X- bzw. Y-Chromosomtragender Spermien wäre es noch effizienter, Zuchtbullen zur Verfügung zu haben, die entweder überhaupt nur Spermien mit dem gewünschten Geschlechtschromosom produzieren, oder bei denen Spermien mit dem gewünschten Geschlechtschromosom eine erhöhte Befruchtungchance haben.

In der Tat sind aus Untersuchungen bei Modellorganismen genetische Faktoren bekannt, die zu einer präferentiellen Weitergabe bestimmter Chromosomen an die Nachkommen führen. Das bekannteste Beispiel ist der sog. *t*-Komplex bei der Maus (Lyon, 1986). Es handelt sich dabei um einen Bereich von etwa 12 cM proximal auf Chromosom 17, der mehrere 100 Gene enthält. In diesem Bereich befinden sich einige Elemente, die bei homozygoten Böcken zur Sterilität, bei heterozygoten aber zu einer Verschiebung der Transmissionsrate zugunsten von Chromosom 17-Varianten mit dem vollständigen *t*-Komplex vs. Wildtyp-Chromosom 17 führen (Abb. 37). Diese Elemente werden in sog. *Distorter* (*Tcd*) und in einen *Responder* (*Tcr*) eingeteilt. Ihre Lage im Bereich des *t*-Komplexes ist durch mehrere Inversionen, die eine Rekombination mit dem Wildtyp-Chromosom minimieren, balanciert. Nichtsdestoweniger kommen partielle *t*-Haplotypen vor, wodurch eine funktionelle Analyse der einzelnen Elemente möglich war. Entsprechend einem von Mary Lyon etablierten Modell (Lyon, 1986) wirken die *Tcd* Elemente negativ auf die Vorwärtsbewegung der Spermien (sowohl der *t*-Komplex-tragenden wie auch der Wildtyp-Spermien). Haben Spermien jedoch den *Tcr*, so wird der negative Effekt der *Tcd* abgeschwächt, so daß die Spermien gegenüber den Wildtyp-Spermien einen Selektionsvorteil im Sinne einer signifikant erhöhten Befruchtungsrate haben (Abb. 37a). Dieser Effekt zeigt sich auch, wenn sich die *Tcd* Elemente und der *Tcr* nicht auf dem gleichen Chromosom befinden (Abb. 37b). *Tcr* funktioniert also auch in *trans*. In Abwesenheit der *Tcd* Elemente ist *Tcr* hingegen ein negativer Selektionsfaktor (Abb. 37c).

Bedeutung der Spermientrennung für die Rinderzucht

Nutzung für OPU/IVP

- Gezielte Erstellung von weiblichen Nachkommen für die Zucht
- Gezielte Erzeugung von männlichen Kälbern genetisch überragender Eltern für die nächste Bullengeneration
- Steigerung der Effizienz einer Marker-gestützten Selektion

Nutzung für die künstliche Besamung

- Besamung züchterisch wertvoller Kühe mit weiblich determinierten Spermaportionen → Erhöhung des Zuchtfortschritts
- Besamung weniger wertvoller Tiere mit Y-Chromosom-tragenden Spermien → Senkung der Produktionskosten für Fleischrinder
- Vermeidung der Zwickenbildung bei Zwillingsträchtigkeiten
- Verbesserte Nachkommenprüfung von Prüfbullen durch höheren Anteil weiblicher Nachkommen

---

Abb. 36. Bedeutung der Spermientrennung für die Rinderzucht.

Im Herbst 1999 gelang es der Arbeitsgruppe von Dr. Bernhard Herrmann am Max-Planck-Institut für Immunbiologie in Freiburg, das *Tcr*-Gen zu klonieren (Herrmann et al., 1999). Es handelt sich dabei um ein Mitglied einer neuen Familie von Proteinkinasen (*smok* = sperm motility kinase), das durch ein Rearrangement zwischen 2 Genen entstanden ist und ausschließlich im Hoden spät während der Spermatogenese exprimiert wird. Um die Bedeutung dieses Faktors für die Spermienmotilität weiter zu charakterisieren, wurden Expressionsvektoren mit Hodenspezifischen Promotoren hergestellt und damit transgene Mäuse erzeugt. In einem Fall kam es zu einer Integration auf dem Y-Chromosom, was – in Anwesenheit von 2 *Tcd* Elementen auf dem Chromosom 17 – dazu führte, daß das Y-Chromosom präferentiell (66%) an die Nachkommen weitergegeben wurde.

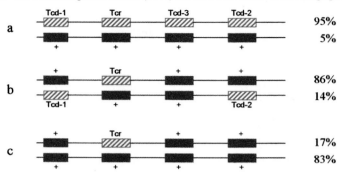

Abb. 37. Verschiebung der Transmissionsrate von Chromosom 17-Varianten mit vollständigen bzw. partiellen *t*-Haplotypen.

Dies eröffnet die Perspektive, über einen Gentransfer des *Tcr* auf das Y-Chromosom bei Nutztierspezies männliche Zuchttiere zu erhalten, deren Spermien mit X-Chromosom eine erhöhte Befruchtungschance haben. Aufgrund der zufälligen Integration und der insgesamt geringen Effizienz des Gentransfers über DNA-Mikroinjektion ist ein gezielter Gentransfer eines *Tcr*-Expressionsvektors auf das Y-Chromosom mit diesem Verfahren nicht realistisch. Die Möglichkeit des Kerntransfers unter Verwendung transfizierter Zellen öffnet hier aber einen neuen Weg (Abb. 38).

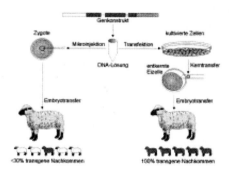

Abb. 38. Erzeugung transgener Tiere durch DNA-Mikroinjektion bzw. durch Kerntransfer.

So wird bei diesem Verfahren der Gentransfer nicht direkt in den Embryo, sondern in kultivierte Zellen, durchgeführt, die auf eine Integration im Bereich des Y-Chromosoms selektiert bzw. gescreent werden können. Geeignete Kernspenderzellen werden dann mit enukleierten Eizellen fusioniert, um aus transfizierten Zellen direkt transgene Tiere zu erzeugen. Der Kerntransfer beim Rind ist mittlerweile für verschiedenste Kernspenderzellen etabliert (z.B. Zakhartchenko et al., 1999a, Zakhartchenko et al., 1999b, Zakhartchenko et al., 1999c).

Schlußfolgerungen

- Die Geschlechtsbestimmung bei Embryonen ist technisch gelöst, hat allerdings aufgrund der hohen Kosten keine breite praktische Anwendung gefunden.
- Für die Spermientrennung in X- und Y-Chromosom-tragende Fraktionen ist die Flow-Cytometrie das bislang einzige funktionierende Verfahren.
- Der geringe Durchsatz dieser Methode sowie patentrechtliche Gegebenheiten erfordern die Entwicklung alternativer Verfahren.
- Versuche zur Erzeugung von Zuchtbullen mit einer veränderten Transmissionsrate im Bezug auf die Geschlechtschromosomen sind überaus attraktiv.unter Verwendung transfizierter Kernspenderzellen.

Danksagung

Unsere Projekte im Bereich Biotechnologie der Fortpflanzung wurden bzw. werden dankenswerter Weise durch die Deutsche Forschungsgemeinschaft (WO 685/2-1; WO 685/3-1), die Bayerische Forschungsstiftung (76/93), das Bundesministerium für Bildung und Forschung (BEO32/0312301) sowie das Bayerische Staatsministerium für Ernährung, Landwirtschaft und Forsten (A/99/8) gefördert.

Literaturverzeichnis

Aasen, E., Medrano, J. F. (1990): Amplification of the ZFY and ZFX genes for sex identification in humans, cattle, sheep and goats. Bio/Technology 8, 1279-1281.

Bredbacka, P., Kankaapaa, A., Peippo, J. (1995): PCR-sexing of bovine embryos: a simplified protocol. Theriogenology 49, 167-176.

Chen, C. M., Hu, C. L., Wang, C. H., Hung, C. M., Wu, H. K., Choo, K. B., Cheng, W. T. (1999): Gender determination in single bovine blastomeres by polymerase chain reaction amplification of sex-specific polymorphic fragments in the amelogenin gene. Molecular Reproduction and Development 54, 209-214.

Förster, M., Wolf, E. (1998): Grundlagenforschung in der Tierzucht. Naturwissenschaftliche Rundschau 51, 314-320.

Herrmann, B. G., Koschorz, B., Wertz, K., McLaughlin, K. J., Kispert, A. (1999): A protein kinase encoded by the t complex responder gene causes non-mendelian inheritance. Nature 402, 141-146.

Hoeflich, A., Reichenbach, R.-D., Schwartz, J., Grupp, T., Weber, M. M., Föll, J., Wolf, E. (1999): Insulin-like growth factors and IGF-binding proteins in bovine seminal plasma. Domestic Animal Endocrinology 17, 39-51.

Johnson, L. A., Welch, G. R. (1999): Sex preselection: high-speed flow cytometric sorting of X and Y sperm for maximum efficiency. Theriogenology 52, 1323-1341.

Lyon, M. F. (1986): Male sterility of the mouse t-complex is due to homozygosity of the distorter genes. Cell 44, 357-363.

Seidel, G. E. Jr., Schenk, J. L., Herickhoff, L. A., Doyle, S. P., Brink, Z., Green, R. D., Cran, D. G. (1999): Insemination of heifers with sexed sperm. Theriogenology 52, 1407-1420.

Seidel, G. E. Jr. (1999): Sexing mammalian spermatozoa and embryos - state of the art. Journal of Reproduction and Fertility Supplement 54, 477-487.

Voelkl, A., Mohr, H., Weber, G., Fahimi, H. D. (1997): Isolation of rat hepatic peroxisomes by means of immune free flow electrophoresis. Electrophoresis 18, 774-780

Wolf, E.: (2000) Neue Strategien in der Tierzucht und Reproduktionsbiotechnologie. Nova Acta Leopoldina 82, 59-73.

Zakhartchenko, V., Alberio, R., Stojkovic, M., Prelle, K., Schernthaner, W., Stojkovic, P., Wenigerkind, H., Wanke, R., Düchler, M., Steinborn, R., Müller, M., Brem, G., Wolf, E. (1999a): Adult cloning in cattle: potential of nuclei from a permanent cell line and from primary cultures. Molecular Reproduction and Development 54, 264-272.

Zakhartchenko, V., Durcova-Hills, G., Schernthaner, W., Stojkovic, M., Reichenbach, H.-D., Müller, S., Prelle, K., Steinborn, R., Müller, M., Wolf, E., Brem, G. (1999b): Potential of fetal germ cells for nuclear transfer in cattle. Molecular Reproduction and Development 52, 421-426.

Zakhartchenko, V., Durcova-Hills, G., Stojkovic, M., Schernthaner, W., Prelle, K., Steinborn, R., Müller, M., Brem, G., Wolf, E. (1999c).: Effects of serum starvation and re-cloning on the efficiency of nuclear transfer using bovine fetal fibroblasts. Journal of Reproduction and Fertility 115, 325-331.

Züchterische Einsatzmöglichkeiten für innovative Reproduktionstechniken – gestern, heute, morgen

Horst Kräußlich

Einleitung

Die Entwicklung begann nach dem ersten Weltkrieg in Rußland mit der Einführung der „künstlichen Besamung" (KB) in die Praxis. Nach Mitscherlich (1958) wurden in Rußland bis 1939 50 Millionen Schafe, Rinder und Pferde über KB erzeugt. Als erstes Land außerhalb der UdSSR führte Dänemark 1935 die KB nach russischem Muster ein; alle anderen westlichen Länder folgten rasch.

1937 veröffentlichte Jay L. Lush an der Iowa State University eine erste Übersicht über die Anwendung der Populationsgenetik in der Tierzucht. Im Standardwerk „Animal Breeding Plans", (Lush 1945), werden die Methoden der quantitativen Populationsgenetik zur Schätzung von Zuchtwerten und populationsgenetische Strategien zur Entwicklung von Zuchtprogrammen ausführlich dargelegt und diskutiert.

Nach dem Zweiten Weltkrieg standen somit zwei Innovationen, KB und Quantitative Genetik, zur Verfügung. Voraussetzungen für ihre relativ rasche und effiziente Nutzung waren die Etablierung geeigneter Leistungsprüfungen und die Nutzung leistungsfähiger Computer. Im populationsgenetischen Modell der Besamungszucht basiert Züchtung auf Leistungsprüfung und Zuchtwertschätzung mit anschließender Selektion.

Die rasche wissenschaftliche Entwicklung von Reproduktions- und Molekularbiologie macht es notwendig zu fragen, ob das populationsgenetische Modell der Besamungszucht in vorausschaubarer Zeit von einem molekularbiologischen Modell abgelöst wird. Derzeit wird die Gendiagnose soweit möglich eingesetzt und darüber hinaus diskutiert und geprüft, ob und wie zusätzlich zu den Ergebnissen der Leistungsprüfungen DNA-Marker genutzt werden können, um die Effizienz von Zuchtprogrammen und den Zuchtfortschritt zu steigern. Die bisher veröffentlichten Modellrechnungen zeigen, daß bei realistischen Annahmen die Steigerung des Zuchtfortschritts bei Hauptzuchtzielmerkmalen nur einige Prozentpunkte betragen wird. Bei Merkmalen mit niedriger Heritabilität, z. B. Fruchtbarkeit, ist die züchterische Bearbeitung mit oder ohne Marker sehr schwierig. Trotzdem ist mit großer Wahrscheinlichkeit zu erwarten, daß zukünftig die Kombination von innovativen Reproduktionstechniken mit molekulargenetischen Methoden zu neuen Entwicklungen in der Tierzüchtung führen wird, ähnlich wie dies bei der Kombination von KB und Quantitativer Genetik in den ersten Jahrzehnten nach dem Zweiten Weltkrieg der Fall war. Die hierfür erforderlichen molekulargenetischen Methoden sind bereits vorhanden, das Problem sind die hohen Kosten. Das humane Genomprojekt und die sich daraus ergebende Entwicklung in Humanmedizin und Pharmaindustrie beschleunigt die Automatisierung der erforderlichen Analysen, was zu Effizienzsteigerungen und Kostensenkungen führen wird. Wie rasch bzw. wie langsam die

Kostenschwelle unterschritten wird, ab der die Anwendung in der Züchtung interessant ist, ist schwer vorauszusagen. Unternehmerische Entscheidungen sind immer mit Risiken behaftet. Das richtige „Timing" ist genau so wichtig wie das richtige Ziel. Da die bäuerlichen Organisationen zukünftig im züchterischen Bereich verstärkt mit kapitalkräftigen Zuchtunternehmen konkurrieren müssen, werden die Verantwortlichen vor immer schwierigeren Entscheidungen stehen.

In der nachfolgenden Übersicht wird versucht, die Entwicklung im Sinne des dänischen Philosophen Kierkegaard zu beleuchten, der sagte: „Das Leben wird vorwärts gelebt und rückwärts verstanden."

Künstliche Besamung (KB)

KB in Bayern, Anfangsperiode

Von 1947 bis 1957 wurden in Bayern 18 Besamungshauptstellen gegründet. Die Zahl der Erstbesamungen stieg von 188 (1947) auf 511278 (1956). Damit hatte Bayern den stärksten Anstieg in der Bundesrepublik Deutschland. Der Hauptgrund dieser raschen Ausbreitung waren die weit verbreiteten Deckseuchen. 1949 stellte EIBEL auf dem Tierärztetag in Eichstätt fest: „Die Besamungsstation Neustadt dient in erster Linie seuchenhygienischen Zwecken und ist nicht als Dauereinrichtung gedacht, sondern als Sanierungsmaßnahme" (zitiert nach Beck, 1974). Es wurde trotzdem von Beginn an Wert darauf gelegt, Samen von Bullen der besten Zuchtwertklassen einzusetzen.

Da die Nachzucht dieser Bullen enttäuschte, ging man dazu über, Altbullen anzukaufen, deren Nachkommen in Zuchtgenossenschaften einen guten Eindruck machten. Die Ergebnisse befriedigten trotzdem nicht. Die Konsequenzen daraus formulierte Eibel (1952) wie folgt (gekürzt): „Als für Neustadt/Aisch 80.000 DM ERP-Mittel bewilligt wurden, haben wir mit dem Bau eines Institutes begonnen, das der Entwicklung der Technik der künstlichen Besamung dienen sollte. Wir haben aber schließlich ein Erbwertforschungsinstitut gebaut. Wir haben dies gemacht, weil keine Forschungsstelle den Erbwert unserer Besamungsbullen im geforderten Sinn erforscht." Das Bayerische Staatsministerium für Ernährung, Landwirtschaft und Forsten hat noch im gleichen Jahr in Neustadt/Aisch die erste staatliche Bullenprüfstelle geschaffen und die Leitung einem Tierzuchtbeamten übertragen. Damit begann der gezielte züchterische Einsatz innovativer Reproduktionstechniken in Bayern.

Bayerisches Besamungszuchtprogramm (1952 – 1968)

Die Entwicklung von der Etablierung der staatlichen Bullenprüfstellen bis zur Etablierung des Bayerischen Besamungszuchtprogramms wird in Übersicht 1 zusammengefaßt.

Übersicht 1:   Aufbauphase der Bayerischen Besamungszucht

Jahre	Entwicklungsstufen
1952 – 1960	Registrierung von Erbfehlern, Kälberbewertung, Kalbinnen- und Jungkuhbewertung
1960 – 1962	Feststellung der Einsatzleistung der Nachkommen von Besamungsbullen; systematischer Prüfungseinsatz von Besamungsbullen (ungeprüfte Bullen erhalten bis höchstens 2000 Erstbesamungen)
1964 – 1965	Selektion von Besamungsbullen auf der Basis von Nachkommenprüfungen
1965	Zuchtwertschätzung der Besamungsbullen anhand von Ergebnissen der Milchleistungsprüfung (Contemporary Comparison innerhalb Herdenklassen)
1966 – 1967	Erste gezielte Paarungen mit tiefgefrorenem Sperma
1968	Beschluß des Landesverbandes Bayerischer Rinderzüchter und der Arbeitsgemeinschaft der Besamungsstationen über das Bayerische Besamungszuchtprogramm

Das Bayerische Besamungszuchtprogramm basiert auf der Zuchtwertschätzung der Bullen und dem „Vier-Pfade-Modell" der Selektion von Robertson und Rendel (1950). Vor der Etablierung des Bayerischen Besamungszuchtprogramms wurde eine gründliche Populationsanalyse durchgeführt (Kräußlich et al., 1970). Die relativ rasche Entwicklung von den ersten Nachkommenprüfungen auf Einsatz- und Erstlaktationsleistungen bis zur gezielten Paarung war auf folgende Faktoren zurückzuführen:

- Bayern hatte die höchste Besamungsdichte in Deutschland und das TGN$_2$-Verfahren wurde in Bayern früher eingeführt als in den anderen Bundesländern.
- 1959 wurde beim Landeskontrollverband eine leistungsfähige Datenverarbeitung aufgebaut, so daß die Rechenkapazitäten für die Zuchtwertschätzung vorhanden waren.
- Der Widerstand der Zuchtverbände gegen die künstliche Besamung beruhte auf dem Rückgang der Zuchtbullenmärkte, die damals die Haupteinnahmequelle der Verbände waren. 1947 standen in Bayern 40.000 Deckbullen, 1965 noch 20.000 und 50 % der faselbaren Rinder wurden besamt.
- Das Besamungszuchtprogramm (Tab. 11) überzeugte alle Beteiligten. Das Bayerische Besamungszuchtprogramm war das erste funktionierende Besamungszuchtprogramm in der Bundesrepublik Deutschland.

Bayerisches Besamungszuchtprogramm (1969 – 2000)

Das Bayerische Besamungszuchtprogramm wird seit 1969 laufend an die wissenschaftliche und technische Entwicklung angepaßt, hat sich aber im Grundsatz bisher nicht geändert (Tab. 11, Aumann, 1992). Der Zusammenschluß von Zuchtverbänden und Besamungsstationen zu regionalen Zuchteinheiten begann 1969 mit der Gründung der „Gesellschaft zur Förderung der Rinderzucht in Nordbayern", es folgten die Gesellschaft zur Förderung der Fleckviehzucht in Niederbayern und die Rinderzucht Südbayern.

Von entscheidender Bedeutung für den Erfolg des Bayerischen Besamungszuchtprogramms war die laufende Weiterentwicklung der Zuchtwertschätzung vom Contemporary Comparison über BLUP zum Tiermodell, die Beteiligung an der Interbullzuchtwertschätzung (MACE) und die noch nicht abgeschlossene Etablierung der länderübergreifenden Zuchtwertschätzung (Baden-Württemberg, Bayern, Österreich).

Tab. 11. Bayerisches Besamungszuchtprogramm

	1968[1]		1999[2]	
	n	%	n	%
Aktive Population	341 988	100	765 000	100
Potentielle BM	40 000	11,7	12 000	1,6
Gezielt /gepaart	10 000	2,9	6 000	0,8
BV	20		25	
Prüfbullen	350		400	

[1] Kräußlich (1968), [2] NN (1999)

BM = Bullenmütter, BV = Bullenväter

Die Leistungssteigerung in den sechs Rindergenerationen seit 1968 wird am Leistungszugang der Prüfbullen in den Jahren 1968 und 1999 veranschaulicht (Tab. 12).

Tab. 12 ermöglicht einen Vergleich der Entwicklung zwischen den Rassepopulationen Fleckvieh und Braunvieh. Fleckvieh und Braunvieh wurden mit dem gleichen Zuchtprogramm, aber nach verschiedenen Zuchtstrategien (Fleckvieh weitgehende Reinzucht, Braunvieh Verdrängungszucht mit der Milchrasse Brown-Swiss) gezüchtet. Die Steigerungsraten der Erstlaktationsleistungen von 1968 bis 1999 sind trotzdem erstaunlich gleich.

Tab. 13 zeigt, daß sich im Bayerischen Besamungszuchtprogramm die Generationsintervalle auf den vier Selektionspfaden von 1970 bis 1992 kaum geändert haben, jedoch der Anteil des Bullenmutterpfads am Zuchterfolg pro Jahr 1992 wesentlich höher war als 1970. Dies ist - wie Tab. 11 zeigt - zu erwarten (Selektion der Potentiellen Bullenmütter).

Kontrolle des Geschlechtsverhältnisses der Nachkommen aus KB

Seit über 40 Jahren wird versucht, das Geschlechtsverhältnis der Nachkommen aus künstlicher Besamung kontrolliert zu verändern, bisher ohne Erfolg. Anläßlich des 25jährigen Jubiläums des Besamungsvereins stellten Hahn et al. (1974) die Ergebnisse eines Versuches zur Spermientrennung vor und Cunningham (1974) referierte über die züchterischen Konsequenzen der Spermientrennung. Nach Cunningham (1974) kann durch Kontrolle des Geschlechtsverhältnisses die Wirtschaftlichkeit der Milch- und Rindfleischproduktion durch folgende Maßnahmen verändert werden:

a) Erhöhung des Prozentsatzes der zur Fleischproduktion bestimmten männlichen Tiere.

b) Erhöhung der Selektionsintensität durch das veränderte Geschlechtsverhältnis.

c) Bei Milchrindern werden weniger Kühe als Nachersatzfärsen benötigt und stehen somit zur Kreuzung mit fleischbetonten Rassen zur Verfügung.

Tab. 12. Leistungszugang der Prüfbullen für Erstlaktationsleistungen (Fleckvieh und Braunvieh in den Jahren 1968[1] und 1999[2])

	1968	1999	Steigerung %
Fleckvieh			
Anzahl Prüfbullen	332	648	
Milchmenge (kg)	3 026	5 218	73
Zuchtwert	-22	+246	
Fettmenge (kg)	120	217,3	81
Zuchtwert	-0,3	+12,2	
Fett (%)	3,97	3,98	0,25
Zuchtwert	+0,02	0,04	
Anteil Fremdblut, MLP Pop. %	0	1,59	
Abstammungen ohne Fremdblut %	100	79,3	
Braunvieh			
Anzahl Prüfbullen	94	100	
Milchmenge (kg)	3 202	5 635	76
Zuchtwert	+41	+362	
Fettmenge (kg)	125,3	231,9	85
Zuchtwert	+2,3	+1,54	
Fett (%)	3,91	4,12	5
Zuchtwert	+0,02	+0,01	
Anteil Fremdblut, MLP Pop. %	0	62,01	
Abstammungen ohne Fremdblut %	0	0,1	

[1] Kräußlich (1968)

[2] NN (1999)

Tab. 13. Zuchtfortschritte und Generationsintervalle auf den vier Selektionspfaden: Fleckvieh Milchmenge 1970[1]), Fleckvieh Fettmenge 1992[2]), Robertson und Rendel 1950

	Generationsintervall/ Jahre		Zuchtfortschritt %		
Selektions-Pfad	1970	1992	Fleckvieh 1970	Fleckvieh 1992	Robertson & Rendel 1950
Bullenvater	7,0	7,5	43	30	43
Bullenmutter	6,5	6,3	28	48	18
Kuhvater	6,9	6,6	29	18	33
Kuhmutter	5,0	4,8	0	4	6

[1]) Kräußlich et al. (1970); [2]) Graser und Averdunk (1992)

Inzwischen hat sich die Situation wesentlich verändert. Die BSE-Krise beschleunigt diese Entwicklung. Bei der Fachtagung der Arbeitsgemeinschaft Tierernährung am 20.02.2000 hat der Dekan des Wissenschaftszentrums für Ernährung, Landnutzung und Umwelt in Weihenstephan, Prof. H. Meyer die Frage in den Raum gestellt, ob Rindfleisch zukünftig verstärkt als Nebenprodukt der Milchproduktion betrachtet werden sollte. Sobald die Geschlechtskontrolle über Besamung möglich wird, dürfte diese Strategie, unabhängig davon, wie sich der Rindfleischkonsum einpendeln wird, Vorteile haben. Taylor et al. (1985) schlagen das „Single-Sex, Bred Heifer" (SSBH) System vor. In diesem System werden in der Produktionsstufe nur weibliche Tiere aufgezogen, gehalten und genutzt. Taylor et al. (1985) fanden für ein SSBH-Produktionssystem mit Fleischrassen eine wesentliche Verbesserung der Futterverwertung im Vergleich zu traditionellen Systemen. Hinzu kommt die Verringerung des Methanausstoßes, da wesentlich weniger Mutterkühe für die Remontierung benötigt werden, und die bessere Fleischqualität der Färsenmast im Vergleich zur Bullenmast. In einem SSBH-Zweinutzungssystem mit Fleckvieh würde zusätzlich der Zuchtfortschritt auf dem Pfad Mutter-Töchter verdoppelt oder verdreifacht und es wäre ökologisch sowie wirtschaftlich (es werden keine Mutterkühe benötigt) einem SSBH-Fleischrindersystem überlegen. In der Färsenmast dürften die Qualitätsunterschiede zwischen reinen Fleischrindern und Zweinutzungsrindern geringer sein als in der Bullenmast. Hinzu kommt, daß in diesem System die spezialisierte Rindermast nicht nur auf Spaltenboden, sondern auch auf der Weide möglich ist. Bei Milchrassen sind die Vorteile geringer, da nur die von Cunningham erwähnten Kreuzungen mit Fleischrassebullen zu Buch schlagen. Die nach wie vor weit verbreitete Meinung, daß geschlechtskontrollierte Besamung vor allen den Milchrassen nutzt und den Zweinutzungsrassen schadet, stimmt nur, wenn die Zweinutzungsrassen in den eingefahrenen Geleisen weiterfahren. Eine weitere Möglichkeit, geschlechtskontrollierte Besamung innovativ einzusetzen, ist die systematische Nutzung von Heterosiseffekten in der Rinderzucht. Zur Zeit wird dies nur in Neuseeland praktiziert

(Lopez-Villalobos, 2000). Unter Neuseeländischen Bedingungen (ganzjährige Weidehaltung; Zweck der Milchkuh ist die effiziente Nutzung der Weide) ist die Rotationskreuzung Jersey mal Holstein-Friesian den reinrassigen Tieren überlegen. Geschlechtskontrolliertes Sperma würde die Effizienz von Kreuzungen, die auch in Deutschland von Interesse sind (Kräußlich, 1999), wesentlich erhöhen.

Embryotransfer (ET)

Entwicklung des Embryotransfers zur Praxisreife

Die Technik des Embryotransfers wurde von der Arbeitsgruppe Rowson in Cambridge entwickelt. Die praktische Erprobung und die Weiterentwicklung zu einer kommerziell anwendbaren Routinetechnik erfolgte in den 1960er Jahren im Nordamerika. Der Grund davon war eine außergewöhnliche wirtschaftliche Situation in der nordamerikanischen Fleischrinderzucht. Die rasche Umstellung von einem kleinrahmigen, früh verfettenden Fleischrind auf ein großrahmiges raschwüchsiges Rind, das für die Endmast im „feed-lot" geeignet ist, erfolgte vor allem über den Import von Zuchttieren großrahmiger europäischer Fleisch- und Zweinutzungsrinder. Der Ausbruch der Maul- und Klauenseuche in Westeuropa verhinderte weitere Importe bzw. verteuerte sie enorm. Die Folge war, daß von 1969 bis 1974 für die Tiere der „exotischen" Rassen in Nordamerika astronomische Preise bezahlt wurden. Die sehr hohen Kosten des chirurgischen Embryotransfers waren deshalb nicht prohibitiv. Eine nicht so extreme, aber ähnliche Situation entstand in Europa zu Beginn der Holsteinisierungswelle.

Als erste Besamungsstation in Deutschland begann der Besamungsverein Neustadt/Aisch gemeinsam mit Professor J. Hahn von der Tierärztlichen Hochschule Hannover am 1. Januar 1974 mit dem chirurgischen Embryotransfer.

Der limitierende Faktor für den Einsatz des Embryotransfers in der Produktionsstufe waren und sind die trotz wesentlicher Verbesserungen der Methoden (unblutiger Embryotransfer, Tiefgefrieren von Embryonen) nach wie vor hohen Kosten. Van Vleck (1986) berechnete die Kostenschwelle für ET in der Milchproduktion. Der Schwellenwert betrug 11 Dollar/Kalb. Nach Brem (1979) betrugen die tatsächlichen Kosten in Deutschland 500 DM/Kalb.

Einsatzmöglichkeiten von Embryotransfer in Besamungszuchtprogrammen.

1975 veranstaltete Rowsen in Cambridge das Seminar „Egg Transfer in Cattle", in dem unter anderem diskutiert wurde, wie der Zuchtfortschritt mit Hilfe von ET gesteigert werden kann. Hill und Land (1976) stellten ein Modell für Fleischrinderzuchtprogramme, Cunningham (1976) für Besamungszuchtprogramme bei Milchrassen und Kräußlich (1976) für Zweinutzungsrassen vor. Cunningham kam zu dem Ergebnis, daß die bereits hohe Selektionsintensität für Bullenmütter (3 % bis 1 % im Extrem) nur noch wenig Spielraum für die Erhöhung des Zuchtfortschrittes auf diesem Pfad läßt. Hinzu kommt der Einwand von van Vleck (1976), daß bei Remontierungsraten unter 1 % keine Normalverteilung mehr vorliegt und deshalb die populationsgenetische Formel für den

Selektionserfolg (Robertson und Rendel, 1950) nicht mehr stimmt. Zusätzlich wächst die Gefahr der Sonderbehandlung für Bullenmütter, was ebenfalls zu Verzerrungen führt. Kräußlich (1976) kam zu dem Ergebnis, daß bei Zweinutzungsrassen die Situation dadurch entschärft wird, da gleichzeitig mehrere Merkmalskomplexe berücksichtigt werden und deshalb die Selektionsintensität für jeden individuellen Merkmalskomplex (z. B. Milchleistungsmerkmale) niedriger ist (siehe Tab. 11).

Nicholas und Smith (1983) entwickelten ein Modell für ein MOET-Nukleuszuchtprogramm, in dem die in konventionellen Programmen geforderte sichere Nachkommenprüfung vor dem züchterischen Einsatz von Besamungsbullen durch eine Geschwisterprüfung ersetzt wird, was auf den Einsatz vorgeschätzter Prüfbullen hinausläuft. Da hierdurch beim Einsatz von Jungbullen das Generationsintervall auf dem Bullenvaterpfad um 2,5 bis 3 Jahre verkürzt wird, ist der rechnerische Zuchtfortschritt in diesem System wesentlich erhöht. Das Modell konnte sich bisher nicht durchsetzen. Eine wesentliche Erhöhung der Sicherheit der Zuchtwertschätzung von Jungbullen durch Markerinformation ist vorerst nicht in Sicht.

Embryotransfer im Bayerischen Besamungszuchtprogramm

In den einschlägigen Statistiken werden „in vivo" und „*in vitro*" Programme unterschieden. Die Zahl der „in vivo" Programme stieg von 398 im Jahr 1983 auf 1255 im Jahr 1999 (NN 1999). Die Zahl der „*in vitro*" Programme stieg von 76 im Jahr 1997 auf 285 im Jahr 1999 (NN 1999). Die ET Programme werden entweder als Serviceprogramme im Auftrag der Tierhalter, in der Regel Bullenzüchter, oder als sog. MOET-Programme, die von den Zuchteinheiten geplant und reguliert werden, durchgeführt. Die einschlägige bayerische Statistik weist den Anteil der ET Prüfbullen nicht aus, in Kanada betrug er 1995 um 70 %.

Die Ergebnisse der ersten experimentellen Versuche mit einem ET-Jungrinderprogramm wurden von Kruff et al. (1980) auf der EVT Tagung in München vorgetragen. Die Steigerung des Zuchtfortschritts auf dem Bullenmutterpfad wurde mit 16,8 % geschätzt. Burnside et al. (1992) berichteten über eine Verkürzung des Generationsintervalls auf dem Bullenmutterpfad in der italienischen Holstein-Friesian Population von 6,88 Jahren auf 3,73 Jahre und über eine enorme Steigerung des Zuchtfortschrittes, die jedoch vor allem auf den Einsatz nordamerikanischer Spitzenbullen zurückzuführen sein dürfte.

Die „*in vitro*" Produktion von Embryonen erweitert die Möglichkeiten des Embryotransfers, insbesondere die züchterischen Einsatzmöglichkeiten (Brem et al., 1995) wie folgt:

- Gewinnung von Embryonen aus Problemkühen, von denen auf konventionellem Weg oder durch Embryotransfer keine Nachkommen mehr erhalten werden können.

- Verwendung von Kalbinnen zur Verkürzung des Generationsintervalls zur Steigerung des jährlichen Zuchtfortschritts.

- Erhöhung der Nachkommenzahl pro Spendertier zur Steigerung der Selektionsintensität.

Das größte und intensivste Programm auf diesem Gebiet wird von Holland Genetics durchgeführt (Brade, 1998). Selektierte Jungrinder werden im Alter von 12 – 14 Monaten entweder gespült oder punktiert. Sobald die Spendertiere sicher tragend sind, werden sie in eine Teststation eingestellt. Die Selektion der ET-Jungbullen für die Bullenprüfung erfolgt, wenn die Jungkühe mindestens 180 bis 200 Laktationstage getestet wurden.

Im bayerischen innovativen Zuchtprogramm (Beck und Aumann, 1988) sollen von den 400 Prüfbullen pro Jahr 100 von selektierten Jungrindern bzw. Jungkühen kommen. Tab. 14 zeigt, daß der Anteil der „in vitro" Programme noch relativ niedrig ist. Tab. 15 gibt einen Gesamtüberblick über das „Innovative Zuchtprogramm".

Eine Auswertung von Utz (2001) zeigt, daß von den im Kontrolljahr 1999/2000 zur Zucht eingestellten Bullenkälbern (Tab. 14) 35 % Ralbo-Söhne sind und die drei häufigsten Mutterväter, Report (22 %), Romen (7 %), Renold (6 %) einen Anteil von 35 % haben. Die hierdurch entstehenden Probleme sind Blutlinienverengung und die völlige Durchmischung der Bullen-mutterpopulation mit Holstein-Friesian-Genen.

Tab. 14. ET-Programme mit Jungrindern und Jungkühen im „Innovativen Zuchtprogramm" (Fleckvieh) vom 01.10.99 bis 30.09.2000 (Utz 2000)

	Jungrinder	Jungkühe 1. Probe-melken	Jungkühe 1. Laktation	Gesamt
Gespült	109	46	90	245
Punktiert	7	2	4	13
Insgesamt	116	48	94	258
Zur Zucht aufgestellte Bullenkälber	64	38	79	181
In % der ET- Programme	55 %	79 %	84 %	

Die Verkürzung des Generationsintervalls erhöht die Wichtung der Einsatz- und Erstlakta-tionsleistung. Dies verstärkt den Trend zu einem Leistungsprofil für Laktationsleistungen, das in der Holstein-Friesian Population auf die Spitze getrieben wurde und heute immer größere Probleme verursacht. Die Fleckviehzucht sollte es vermeiden, sich von den Erfolgen der Holstein blenden zu lassen und ein eigenständiges Leistungsprofil anstreben. Eßl (1995) brachte die psychologische Situation auf den Punkt: „Leider führt der oft enorme Druck der Rassenkonkurrenz zu fatalen Fehlentwicklungen".

Tab. 15. Innovatives Zuchtprogramm (Fleckvieh) (NN 1999)

	Konventionell	Jungkühe	Jungrinder
Selektierte potentielle Bullenmütter	12 165	4 200	3 970
Empfohlene gezielte Paarungen	6 000	953	978
Durchgeführte gezielte Paarungen	4 000	551	354
in % der empfohlenen	67	58	65
Zur Zucht aufgestellte Bullenkälber	1 483	91	65
Eingestellte Prüfbullen	172	42	25
in % der aufgestellten	12	46	38

In der Produktionsstufe bringt die Durchmischung von Fleckvieh mit Holsteins Vorteile, nicht aber in der Spitze der Zuchtpyramide, in der sich die Bullenmütter befinden. Die Erfahrungen der Geflügel- und Schweinezüchter zeigen, je kleiner die Spitze der Zuchtpyramide wird, desto wichtiger wird es, Rassen und Linien getrennt zu züchten. Alle innovativen Reproduktionstechniken verkleinern letztendlich die Spitze der Zuchtpyramide. Das zeigt die Entwicklung des Bayerischen Besamungszuchtprogrammes sehr deutlich. Diese Entwicklung wird weitergehen.

Der Vergleich der Leistungsentwicklung bei Fleckvieh und Braunvieh in Tab. 12 zeigt, daß die langfristigen Effekte von Einkreuzungen meist überschätzt werden. Die genetische Varianz der reingezüchteten Fleckviehtiere reicht aus, um international konkurrenzfähig zu bleiben, wie z. B. die letzte Auswertung von Anzenberger (2001) mit Report-, Malf- und Romen-Söhnen zeigt. Dieses Problem kann beim jetzigen Stand nur dann befriedigend gelöst werden, wenn im Besamungszuchtprogramm Reinzucht- und Fremdblutlinien klar definiert und die Anteile der Prüfbullen aus Reinzucht- und Fremdblutlinien festgelegt werden. Selbstverständlich muß dies im Einvernehmen mit den Besamungsstationen erfolgen.

Embryotransfer zur Erhaltung gefährdeter Nutztierrassen

1980 wurde am Lehr- und Versuchsgut der Tierärztlichen Fakultät München in Oberschleißheim eine Embryobank für Murnau-Werdenfelser angelegt, es war eine der ersten Embryobanken in Europa. Brem et al. (1990) beschreiben die Methoden und die Möglichkeiten. Embryobanken sind deshalb besonders wichtig, da nach dem heutigen Stand Tierbestände nur über Embryonen direkt wiederhergestellt werden können.

Transfer genetisch identischer Embryonen

Mit der Übertragung mikrochirurgisch geteilter Embryonen können identische Zwillinge erzeugt werden. Bei identischen Zwillingen ist sowohl das Kerngenom als auch das mitochondriale Genom identisch. Bei Embryonen aus Kerntransfer ist nur das Kerngenom identisch, nicht aber das mitochondriale Genom. Diese Kälber sind Klongeschwister. Brem (1986) hat die Möglichkeiten des züchterischen Einsatzes von identischen Zwillingen umfassend beschrieben. Lange et al. (1991) zeigten, daß die von Brem experimentell erzielten Ergebnisse auch in der Praxis erzielt werden können. Embryo-Splitting ist der erste Schritt zur klonalen Selektion. In einem gemeinsamen Experiment mit der BLT, der Besamungsstation Altenbach/Landshut und dem Institut für Tierzucht in München (Distl et al., 1990) wurden aus Embryoteilung entstandene männliche Zwillingspaare in der Besamung eingesetzt. Die männlichen und weiblichen Nachkommen wurden auf Mast- und Schlachtleistung geprüft. Die Korrelationen zwischen den Prüfergebnissen der Zwillingsgeschwister waren hoch (in allen Fällen über $r = 0,8$). Die Nachkommenprüfung auf Mast- und Schlachtleistung könnte aufgrund dieser Ergebnisse durch eine Zwillingsgeschwisterprüfung ersetzt werden, was es ermöglichen würde, bei gleicher Prüfkapazität die 3- bis 4fache Zahl von Besamungsbullen zu prüfen.

Nach van Vleck (1999) kann die zu erwartende Ähnlichkeit von Klongeschwistern aus der Heritabilität im weiteren Sinn (H_2) geschätzt werden, die neben den additiven auch die nicht additiven Geneffekte (Dominanz, Epistasie) enthält. Wenn die nicht additiven Geneffekte keine oder nur eine geringe Bedeutung haben, ist zu erwarten, daß bei einer Heritabilität $< 0,20$ Klongeschwister nicht ähnlicher sind als andere Geschwistergruppen. Um dies zu überprüfen, wäre es interessant, die Auswertung von Dodenhoff (2001) über die Zuchtwerte von Vollbrüdern mit dem gleichen Versuchsansatz wie in der Arbeit von Distl et al. (1990) zu ergänzen. Dies würde es ermöglichen, die Aussage kraft populationsgenetischer Parameter in der bayerischen Population experimentell zu überprüfen und das komplexe Verhältnis zwischen Genotyp und Phänotyp besser zu verstehen.

Die Möglichkeiten des züchterischen Einsatzes der Klonierung werden von Brem (2001) dargelegt und diskutiert. Mit der Anwendung der Klonierung in Zuchtprogrammen ist frühestens mittelfristig zu rechnen.

Kombination molekularer Techniken mit innovativen Reproduktionstechniken

Im Rahmen der bestehenden Zuchtprogramme

Die Erprobung und Anwendung der Markertechnologie ist ohne Reproduktionstechniken nicht möglich. Das in Markerprojekten beim Rind verbreitete Granddaughter- bzw. Daughter-Design basiert völlig auf Besamungszuchtprogrammen.

Nach Simianer (2000) wird in der Schweinezucht die züchterische Anwendung verfügbarer Gentests wohl zuerst die Entwicklung genetisch homogener Linien sein, z. B. MHS-sanierter Piétrain-Linien, RN-sanierte Hampshire-Linien. Erfolgt dies mit der markergestützten Verdrängungskreuzung, besteht das Risiko, daß die guten Gene von Tieren, die den unerwünschten Genotyp am Zielgenort haben, verloren gehen. Dies kann über das Monitoring des „Restgenoms" mit Hilfe von gleichmäßig über alle Chromosomen verteilten Markern verhindert werden. Dieses Beispiel zeigt die Schwierigkeiten, die bereits in einem relativ einfachen Fall zu erwarten sind. Simianer (2001) warnt davor, die „markergestützte Selektion" unkritisch als Methode mit nahezu unbegrenztem Potential zur Effizienzsteigerung von Zuchtprogrammen einzusetzen. Optimistischer sieht er die Entwicklung von genomabdeckenden Markersets, mit denen die Markerkombinationen erkannt werden, die zur spezifischen Kreuzungseignung von Linien beitragen. Ziel dieses Ansatzes ist, die Ausnutzung der Heterosis zu optimieren.

Kalm (2000) ist bezüglich der Möglichkeiten und Grenzen der markergestützten Selektion in Besamungszuchtprogrammen beim Rind optimistischer als Simianer beim Schwein. Er rechnet damit, daß die im ADR-Projekt gefundenen Ergebnisse nach ihrer Bestätigung mit Hilfe der BLUP-Modelle in die Zuchtwertschätzung eingegliedert werden können.

Fries (2000) ist der Auffassung, daß Single Nucleotide Polymorphismen (SNP,s) besser geeignet sind, um die DNA-Variation mit der genetisch bedingten Merkmalsvariation zu korrelieren, als Mikrosatelliten. Nach seiner Meinung werden schon bald Methoden zur Verfügung stehen, welche die Typisierung von Millionen von Tieren als realistische Option aufzeigen. Aufgrund der hier zu erwartenden Entwicklung sollte nach Fries (2000) das den derzeitigen Zuchtprogrammen zugrunde liegende infinite Modell der Populationsgenetik nicht fundamentalistisch aufgefaßt werden. Es ist damit zu rechnen, daß ein bedeutender Teil der genetischen Variation durch Genorte mit einem maßgeblichen Einfluß auf die gesamte genetische Variation bedingt ist (finites Modell).

Die molekulare Gendiagnose ist nach Erhardt (2000) in der Erbfehlerbekämpfung von großer internationaler Bedeutung. Sie ermöglicht auch den kontrollierten Zuchteinsatz von Anlageträgern und ist deshalb nicht zuletzt ein wertvolles Mittel bei der Erhaltung der in ihrem Bestand gefährdeten Nutztierrassen.

Zukünftige Möglichkeiten

Die zukünftigen Möglichkeiten werden in erster Linie davon abhängen, ob und in welchem Umfang es zukünftig gelingt, ausschließlich auf der Basis von DNA-Informationen zu selektieren.

Die Gewinnung von Oozyten von Kälbern bzw. Ferkeln im Mutterleib (Velogenetics nach Georges und Massey, 1991) und die Selektion der produzierten Embryonen auf positive Marker bzw. Genvarianten sind nur bei qualitativen Merkmalen möglich und könnten für Erbfehlerprogramme etc. eingesetzt werden. „Velogenetics" soll vor allem Introgressionsprogramme beschleunigen. Visscher et al. (2000) kreierten den Begriff „Nuclear velogenetics". Hier soll die markergestützte Selektion in diploiden Zellinien erfolgen. Die selektierten Zellen werden als Kernspender genutzt und die nach Kerntransfer entwickelten Embryonen in Empfänger übertragen. Von den Ferkeln können im dritten Trächtigkeitsmonat Oozyten entnommen werden, so daß beim Schwein für einen Selektionszyklus 2 – 3 Monate benötigt werden. Wenn es gelingen würde, für den Kerntransfer geeignete totipotente Zellinien zu entwickeln („*in vitro* genetics"), könnte die markergestützte Selektion oder Introgression im Labor durchgeführt werden.

Nach dem heutigen Kenntnisstand werden für die Selektion auf komplexe Merkmale, insbesondere polygene Merkmale, auch zukünftig phänotypische Informationen gebraucht werden, und somit auch Leistungsprüfungen. Allerdings wird das traditionelle populationsgenetische Modell des Zusammenspiels von genetischen und Umwelteffekten (P = G + U) durch ein neues Modell ersetzt werden müssen. Das traditionelle Modell ist eine drastische Vereinfachung, die auf der Genetik der 1930er Jahre beruht. Heute wissen wir, daß neben genetischen und Umwelteffekten epigenetische Effekte, wie z. B. „Gametic Imprinting", auch in der Nutztierzucht eine große Rolle spielen (Ruvinski, 1999). Die Möglichkeit, die phänotypische Varianz in eine genetische und Umweltkomponente aufzutrennen, besagt nicht, daß damit die genetischen und umweltbedingten Varianzursachen getrennt werden können. Eine Methode, die die kausalen Zusammenhänge aufdecken könnte, ist die differentielle Genexpressionsanalyse. Sie kann die Umwelteinflüsse bzw. die genetischen Einflüsse, die auf der Regulation der relevanten Gene beruhen, erfassen. Die Expressionsanalyse genetisch identischer Tiere (identische Zwillinge, Klongeschwister) in verschiedenen Umwelten und die Expressionsanalyse genetisch verschiedener Tiere in der gleichen Umwelt ermöglichen es herauszufinden, welche Gene unter welchen Bedingungen an- oder abgeschaltet bzw. unter welchen Bedingungen hinauf- oder herunterreguliert werden. Mit diesen Analysen könnte es gelingen, die Ursachen unerwünschter Nebenwirkungen langfristiger intensiver Selektion herauszufinden (Rauw et al., 1998), was eines der schwierigsten Probleme der modernen Tierzucht ist. Die Populationsgenetik wird auch in der Zukunft für die Tierzucht von großer Bedeutung sein, auch wenn die traditionellen Modelle der Populationsgenetik von Modellen, die auf dem Stand der heutigen Genetik basieren, abgelöst werden.

Zusammenfassung

Die künstliche Besamung und das populationsgenetische Modell der Tierzüchtung haben die Tierzucht, insbesondere die Rinderzucht, während der zweiten Hälfte des 20. Jahrhunderts revolutioniert. In Bayern begann die Entwicklung zum gezielten züchterischen Einsatz der Künstlichen Besamung 1952 mit der Etablierung der Bullenprüfstellen. 1968 wurde das „Bayerische Besamungszuchtprogramm" beschlossen, dem das „Vier-Pfade-Modell" von Robertson und Rendel (1950) zugrunde liegt. Seitdem werden in den bayerischen Rassepopulationen mit ausreichender Größe der aktiven Population befriedigende Zuchtfortschritte erzielt. Diese sind, unabhängig von der Paarungsstrategie (Reinzucht, Verdrängungszucht, Veredlungszucht), in etwa gleich. Seit 1985 wird Embryotransfer in das Besamungszuchtprogramm integriert. Das „Innovative Zuchtprogramm" ist die neueste Entwicklungsstufe. Der Anstoß für dieses Programm erfolgte in Diskussionen am BFZF. Die ersten Ergebnisse, Möglichkeiten und Grenzen werden diskutiert. Da am BFZF über Spermatrennung gearbeitet wird, werden die Einsatzmöglichkeiten geschlechtskontrollierter Besamung besprochen. Das „Single-Sex, Bred Heifer" System (Taylor, 1985) dürfte ein System sein, das es einer Zweinutzungsrasse ermöglicht, die heutigen ökonomischen, ökologischen und Qualitätsansprüche (Verbraucher) optimal zu kombinieren. Im letzten Abschnitt wird auf die Einsatzmöglichkeiten von weiteren noch nicht praxisreifen Reproduktionstechniken, wie die Produktion identischer Embryonen mittels Kerntranster, die Gewinnung und Reifung unreifer Oozyten (Kälber bzw. Ferkel, Feten), die Kultur totipotenter Zellinien von Nutztieren, hingewiesen. Es ist zu erwarten, daß die Kombination neuer Reproduktionstechniken mit molekularen Techniken die Tierzucht ähnlich revolutionieren wird wie vor 40 Jahren die Kombination der Künstlichen Besamung mit dem populationsgenetischen Modell der Tierzüchtung.

Summary

Two innovations revolutionised animal breeding during the second half of the 20th century: artificial insemination and the population genetic model of animal breeding. In Bavaria this revolution began with the establishing of systems for progeny testing of AI bulls. The first period began with the registration of conformation traits of calves and ended with the Contemporary Comparison within herd classes for first lactation yields in 1965. The Bavarian AI Breeding Programme, which was established in 1968, is based on the "four path model" of Robertson and Rendel (1950). Since 1968 in all breeds with large active populations good selection responses (milk yield) have been reached. The responses are independent of the mating strategies within breed populations (pure-breeding, upgrading). The integration of Embryo Transfer (ET) into the AI Breeding Programme began around 1985. The newest development in this field (since 1998) is a "heifer-young cow-programme" with "in vivo ET" and "IVF ET" with the purpose of reducing generation intervals on the bull dam path. The first results are shown and discussed. One of the research projects at BFZF (Bavarian Research Centre for Reproduction Biology) is sexing of semen. The importance of a possible control of sex of the progeny of AI bulls for breeding and multiplier programmes is discussed. The "Single-Sex, Bred Heifer" System (Taylor, 1985) might be the optimal system for dual purpose breeds (Bavarian Fleckvieh). The possible impact of producing embryos via nuclear transfer, the aspiration or oocytes in utero and the culture of totipotent cell lines from farm animals in future programmes is discussed. The combination of new molecular techniques with new reproduction techniques may revolutionise cattle breeding in future as much as AI and population genetics did 40 years ago.

Literaturverzeichnis

Anzengruber, H. (2001): Romen, Ralf, Report–Wer hat die Nase vorn? Fleckvieh1/2001,24-25.

Aumann, J. (1999): Das Besamungszuchtprogramm beim Rind in Bayern. BLT, INFO, 2/99, 23-27.

Beck, G. (1974): Erinnerungen aus der ersten Stunde des Besamungsvereins Neustadt/Aisch unter besonderer Würdigung des tierärztlichen Beitrags. Deutsche Tierärztliche Wochenschrift 81, 449-451.

Beck, G. und Aumann, J. (1998): Bereits Jungrinder spülen. Fleckvieh 1/98, 16-18 (1998).

Brade, W.: Holland – Von Null an die Spitze. Top agrar 9/98, R4-R8.

Brem, G. (2000): Klonierung. 18. Hülsenberger Gespräche. Schriftenreihe der H. Wilhelm Schaumann Stiftung, Hamburg, 86-97.

Brem, G. (1979): Kostenanalyse über Verfahren und Einsatzmöglichkeiten von Embryotransfer. München, Diss. med. vet.

Brem, G (1986).: Mikromanipulation von Rinderembryonen und deren Anwendungsmöglichkeiten in der Tierzucht. S. 211. Stuttgart: Enke Verlag.

Brem, G., Brenig, G., Müller, M., Springmann, K., Kräußlich, H (1990).: Genetische Vielfalt von Rinderrassen. Historische Entwicklung und moderne Möglichkeiten zur Konservierung. Stuttgart: Eugen Ulmer.

Brem, G., Reichenbach, H. D., Wiebke, N., Wenigerkind, H., Palma, A. (1995): *In vitro* Produktion und züchterische Einsatzmöglichkeiten von Rinderembryonen aus wiederholter transvaginal-endoskopisch geführter *ex vivo* Follikelpunktion (OVP), Züchtungskunde 67, 4-14.

Burnside, E. B., Jansen, G. B., Civati, G. and Dadati, E. (1992): Observed and theoretical genetic trends in a large dairy population under intensive selection. J. Dairy Sci. 75, 2242-2253.

Cunningham, E. P. (1974): Neue Entwicklungen in der Fortpflanzungsphysiologie und ihre Auswirkungen auf die Tierzucht. Deutsche Tierärztliche Wochenschrift 81, 457-463.

Cunningham, E. P. (1976): The use of egg transfer techniques in genetic improvement. Proceedings of the EEC Seminar on egg transfer in cattle. Rowson, L. E. A. (editor) EUR 5491, 345-353.

Distl, O., Brem, G., Gottschalk, A. und Kräußlich, H. (1990): Embryo-Splitting: Erster Schritt zur klonalen Selektion. Der Tierzüchter 42, 474-475.

Dodenhoff, J. (2001): Ungleiche Vollbrüder – Teil II. Unterschiedliche Zuchtwerte für Vollbrüder sind über Töchterleistungen nachvollziehbar. Fleckvieh 1/2001, 18-19.

Eibl, K. (1952): Die züchterische Bedeutung der künstlichen Besamung unter besonderer Berücksichtigung der Verhältnisse in Bayern. Tierärztl. Umschau 23/24, 474.

Erhardt, G. (2000): Molekulare Gendiagnostik bei qualitativen Merkmalen und Erbfehlern. 18. Hülsenberger Gespräche. Schriftenreihe der H. Wilhelm Schaumann Stiftung, Hamburg, 110-118.

Eßl, A. (1995): Entscheidungskriterien zur Zuchtzielfrage beim Rind. Der Förderungsdienst/Beratungsservice 43, 8/95, 37-40.

Fries, R. (2000): DNA – Variation - Polymorphismus - Genetische Variation. 18. Hülsen-berger Gespräche. Schriftenreihe der H. Wilhelm Schaumann Stiftung, Hamburg, 35-43.

Georges, M., Massey, J. M. (1991): Velogenetics, or the synergistic use of marker assisted selection and germ line manipulation. Theriogenology 35, 151-159.

Graser, H.-U., Averdunk, G. (1992): Das Zuchtprogramm beim Fleckvieh in der Praxis – Kri-tische Analyse zu Generationsintervall und Selektionsintensität. BLT, INFO, 2/92, 9-23.

Hahn, R., Lang, L., Lorrmann, W., Merkt, M., Rundtfeld, H., Zoder, H. F. (1974): Versuche zur Geschlechtsbestimmung an Bullensamen. Deutsche Tierärztliche Wochenschrift 81, 476a-476f.

Hill, W. G. und Land, R. B. (1976): Superovulation and ovum transplantation in genetic improvement programmes. Proceedings of the EEC Seminar on egg transfer in cattle. Rowson, L. E. A. (editor), EUR 5491, 355-368.

Kalm, E. (2000): Möglichkeiten und Grenzen der markergestützten Selektion. 18. Hülsenberger Gespräche. Schriftenreihe der H. Wilhelm Schaumann Stiftung, Hamburg, 119-125.

Kräußlich, H. (1976): Application of superovulation and egg transplantation in AI breeding programmes for dual purpose cattle. Proceedings of the EEC Seminar on egg transfer in cattle. Rowson, L. E. A. (editor), EUR 5491, 333-344.

Kräußlich, H. (1999): Gibt es Alternativen zur Reinzucht? Züchtungskunde 71, 495-506.

Kräußlich, H. (1968): Organisation und Ausdehnung der künstlichen Besamung in Bayern. Jahresber. Der Arbeitsgemeinschaft der Besamungsstationen in Bayern, 7-14.

Kräußlich, H., Averdunk, G., Gottschalk, A., Schnitter, W., Schumann, H., Schwarz, E. (1970): Die Besamungszucht beim Rind in Bayern. Bayer. Landwirtschaftl. Jahrb. 47, 3-85.

Kruff, B., Brem, G., Lampeter, W. W. (1980): Economic and Breeding Aspects of Embryo Transfer in Heifers. Proceedings of the 31st Annual Meeting of EAAP, München,C,IV,p.7.

Lange, H., Wilke, G., Brem, G. (1991): Embryoteilung in der ET-Praxis der Osnabrücker Herdbuchgenossenschaft. In: Fortschritte in der Tierzüchtung (Hrsg. Brem, G.), Eugen Ulmer, 369-379.

Lopez-Villalobos, N., Garrick, D. J., Blair, H. T., Holmes, C. W. (2000): Possible Effects of 25 Years of Selecion and Crossbreeding on the Genetic Merit and Productivity of New Zealand Dairy Cattle. J. Dairy Sci. 83, 154-163.

Lush, J. L. (1945): Animal Breeding Plans, Iowa State College Press, 3rd edn., 443 pp.

Mitscherlich, E. (1958): Künstliche Besamung. In: Hammond, J., Haring, F., Johannson, I. (Hrsg.), Handbuch der Tierzüchtung, I. Band, Paul Parey.

Nicholas, F. W. and Smith, C. (1983): Increased rates of genetic change in dairy cattle by embryo transfer and splitting. Anim. Prod. 36, 341-353.

NN. (1999): Das Zuchtprogramm beim Fleckvieh in Bayern. Jahresbericht der Arbeitsgemeinschaft der Besamungsstationen in Bayern und des Landesverbandes Bayerischer Rinderzüchter, 56-62

Rauw, W. M., Kanis, E., Noordhuizen-Stassen, E. N., Grommers, F. J. (1998): Undesirable side effects of selection for high production efficiency. A review. Livest.Prod.Sci.56,15-33.

Robertson, A., Rendel, J. M. (1950): The use of progeny testing with artificial insemination in dairy cattle. J. Genet. 50, 21-31.

Ruvinsky, A. (1999): Basics of Gametic Imprinting. J. Dairy Sci. 82, 228-237.

Simianer, H. (2000): Neue Zuchtstrategien dank moderner Gentechnik. SUS 6/2000, 56-59.

Taylor, STC. S., Moore, A. J., Thiessen, R. B., Bailey, C. M. (1985): Efficiency of food utilization in traditional and sex-controlled systems of beef production. Anim. Prod. 40, 401-440.

Utz, J. (2001): ET im Rahmen des Innovativen Zuchtprogrammes, 01.10.99 bis 30.09.2000. GLT Grub, SG, 1,1 (nicht veröffentlicht), März.

Van Vleck, L. D. (1976): Hoard‚s Dairyman, Aug. 25, p. 950.

Van Vleck, L. D. (1999): Implication of Cloning for Breed Improvement Strategies: Are Traditional Methods of Animal Improvement Obsolete? J. Dairy Science 82 Suppl. 2/1999, 111-121.

Van Vleck, L. D. (1986): Technology and animal breeding. Application and challenges for dairy cattle breeding. Proceedings 3rd World Congress on Genetics Applied to Livestock Production, Lincoln, Nebraska, USA, 9, 88-95.

Visscher, P., Pong-Wong, R., Whittemore, C., Haley, Ch. (2000): Impact of biology on (cross)breeding programmes in pigs. Livest. Prod. Sci. 65, 57-70.

Publikationsliste – Wissenschaftliche Arbeiten BayKG/BFZF

Brem, G. (2001). Risikokontrolle und Vertrauen - Zur sozialen Akzeptanz der Biotechnologie. Trust - Das Prinzip Vertrauen (Hrsg.: Mihai Nadin), Synchron Wissenschaftsverlag der Autoren, Heidelberg, 83-94.

Freistedt, P., Stojkovic, M., Wolf, E. (2001). Efficient *in vitro* production of cat embryos in modified synthetic oviduct fluid medium: effects of season and ovarian status. Biol Reprod 65, 301-305

Hirai, M., Boersma, A., Hoeflich, A., Wolf, E., Föll, J., Aumüller, R., Braun, J. (2001). Objectively measured sperm motility and sperm head morphometry in boars (*Sus scrofa*): relation to fertility and seminal plasma growth factors. J Androl 22, 104-110

Kölle, S., Stojkovic, M., Prelle, K., Waters, M., Wolf, E., Sinowatz, F. (2001). Growth hormone/growth hormone receptor expression and GH-mediated effects during early bovine embryogenesis. Biol Reprod 44, (in press).

Kühholzer, B., Brem, G. (2001). Somatic nuclear transfer in livestock species. Arch Tierz - in print

Prelle, K., Stojkovic, M., Boxhammer, K., Motlik, J., Ewald, D., Arnold, G.J., Wolf, E. (2001). IGF-I and Long R^{3}IGF-I differently affect development and messenger RNA abundance for IGF-binding proteins and type I IGF receptors in *in vitro* produced bovine embryos. Endocrinology 142, 1309-1316.

Stojkovic, M., Machado, S.A., Stojkovic, P., Zakhartchenko, V., Hutzler, P., Goncalves, P.B., Wolf, E. (2001). Mitochondrial distribution and adenosine triphosphate-content of bovine oocytes before and after *in vitro* maturation: correlation with morphological criteria and developmental capacity after *in vitro* fertilization and culture. Biol Reprod 64, 904-909.

Alberio, R., Kubelka, M., Zakhartchenko, V., Hajdœch, M., Wolf, E., Motlik, J. (2000). Activation of bovine oocytes by specific inhibition of cyclin dependent kinases. Mol Reprod Dev 55, 422-432.

Alberio, R., Motlik, J., Stojkovic, M., Wolf, E., Zakhartchenko, V. (2000). Behavior of M-phase synchronized blastomeres after nuclear transfer in cattle. Mol Reprod Dev 57, 37-47.

Brem, G. (2000). Klonierung. "Biotechnologie in den Nutztierwissenschaften" Hülsenberger Gespräche 2000, Aus der Schriftenreihe der H. Wilhelm Schaumannstiftung, Hamburg, 86-97.

Brem, G., Zakhartchenko, V., Schernthaner, W., Müller, S., Wenigerkind, H., Kühholzer, B., Müller, M., und E. Wolf. (2000). Use of different bovine cells for cloning. China-EU Animal Biotechnology Proc. Shenzen China 57-64.

Hepp, H., und Brem, G. (2000).Klonen - Forschung und Ethik im Konflikt. Nova Acta Leopoldina (Wissenschaftliche Vorbereitung und Organisation, Herausgeber des Bandes) (Hrsg. der Reihe: G. Köhler), Deutsche Akadmie der Naturforscher Leopoldina e.V., Halle, Nummer 318, Band 83, 204 S.

Hyttel, P., Laurincik, J., Viuff, D., Fair, T., Zakhartchenko, V., Rosenkranz, C., Avery, B., Rath, D., Niemann, H., Thomsen, P.D., Schellander, K., Callesen, H., Wolf, E., Ochs, R.L., Greve, T. (2000). Activation of ribosomal RNA genes in preimplantation cattle and swine embryos. Anim Reprod Sci 60-61, 49-60.

Laurincik, J., Zakhartchenko, V., Avery, B., Stojkovic, M., Brem, G., Wolf, E., Müller, M., Hyttel, P. (2000). Activation of ribosomal RNA genes in pre-implantation in vitro-produced and nuclear transfer embryos. Reprod Dom Anim 35, 255-259.

Steinborn, R., Schinogl, P., Zakhartchenko, V., Achmann, R., Schernthaner, W., Stojkovic, M., Wolf, E., Müller, M., Brem, G. (2000). Mitochondrial DNA heteroplasmy in cloned cattle produced by fetal and adult cell cloning. Nat Genet 25, 255-257.

Stojkovic, M., Büttner, M., Zakhartchenko, V., Wolf, E. (2000). Maternal recognition of pregnancy in domestic ruminants. Macedonian J Reprod 6, 5-10.

Stojkovic, M., Kölle, S., Zakhartchenko, V., Stojkovic, P., Sinowatz, F., Wolf, E. (2000). Effects of estrous cow serum/bovine serum albumin on early cleavage, blastocyst rate, cell number, and ultrastructural configuration of in vitro produced bovine embryos. Adv Reprod 5, 35-44.

Suttner, R., Zakhartchenko, V., Stojkovic, P., Müller, S., Alberio, R,, Brem. G,, Wolf, E., Stojkovic, M. (2000). Intracytoplasmic sperm injection in bovine: effects of oocyte activation, sperm pretreatment and injection technique. Theriogenology 54, 935-948.

Wobus, A. M., Wolf, E., Beier, H.M. (2000). Embryonic stem cells and nuclear transfer strategies - present state and future prospects. Cells Tissues Organs 166, 1-5.

Wolf, E., Schernthaner, W., Zakhartchenko, V., Prelle, K., Stojkovic, M., Brem, G. (2000). Transgenic technology in farm animals – progress and perspectives. Exp Physiol 85.6, 615-625.

Alberio, R., Palma, G., Stojkovic, M., Brem, G., Wolf, E. (1999). Effects and interactions of bovine growth hormone with FSH on the kinetics of nuclear maturation of bovine oocytes and development of in vitro produced embryos. Macedonian J Reprod 5, 129-137.

Hoeflich, A., Reichenbach, R-D., Schwartz, J., Grupp, T., Weber, M. M., Föll, J., Wolf, E. (1999). Insulin-like growth factors and IGF-binding proteins in bovine seminal plasma. Dom Anim Endocrinol 17, 39-51.

Müller, S., Prelle, K., Rieger, N., Petznek, H., Lassnig, C., Luksch, U., Aigner, B., Baetscher, M., Wolf, E., Müller, M., Brem, G. (1999). Chimeric pigs following blastocyst injection of transgenic porcine primordial germ cells. Mol Reprod Dev 54, 244-254.

Prelle, K., Vasiliev, I., Vasilieva, S., Wolf, E., Wobus, A. (1999). Establishment of pluripotent cell lines in vertebrates. Cells Tissues Organs 165, 220-236.

Reischl, J., Prelle, K., Schöl, H., Neumüller, C., Einspanier, R., Sinowatz, F., Wolf, E. (1999). Factors affecting proliferation and dedifferentiation of primary bovine epithelial cells in vitro. Cell Tissue Res 296, 371-383.

Schernthaner, W., Wenigerkind, H., Stojkovic, M., Palma, G.A., Mödl, J., Wolf, E., Brem, G. (1999). Pregnancy rate after ultrasound-guided follicle aspiration in nonlactating cows from different breeds. Zentralbl Veterinärmed A 46, 33-37.

Stojkovic, M., Motlik, J., Kölle, S., Zakhartchenko, V., Alberio, R., Sinowatz, F., Wolf, E. (1999). Cell-cycle control and oocyte maturation: review of literature. Reprod Dom Anim 34, 335-342.

Stojkovic, M., Westesen, K., Zakhartchenko, V., Stojkovic, P., Boxhammer, K., Wolf, E. (1999). Coenzyme Q$_{10}$ in submicron-sized dispersion improves development, hatching, cell proliferation, and adenosine triphosphate content of in vitro-produced bovine embryos. Biol Reprod 61, 541-547.

Stojkovic, M., Büttner, M., Zakhartchenko, V., Riedl, J., Reichenbach, H-D., Wenigerkind, H., Brem, G., Wolf, E. (1999). Secretion of interferon-tau by bovine embryos in long-term culture: comparison of in vivo derived, in vitro produced, nuclear transfer and demi-embryos. Anim Reprod Sci 55, 151-162.

Stojkovic, M., Zakhartchenko, V., Stojkovic, P., Wolf, E. (1999). In vitro culture of bovine embryos: from co-culture to serum-free media with the same efficiency. Macedonian J Reprod 5, 119-128.

Wolf, E., Stojkovic, M., Schernthaner, W., Prelle, K., Zakhartchenko, V., Wenigerkind, H., Reichenbach, H-D. (1999). Biotechnology of reproduction - progress and perspectives. In: Wensing T (ed) Production diseases in farm animals. Wageningen: Wageningen Pers (ISBN 90-74134-60-2), pp 90-97.

Zakhartchenko, V., Durcova-Hills. G., Schernthaner, W., Stojkovic, M., Reichenbach, H-D., Müller, S., Prelle, K., Steinborn, R., Müller, M., Wolf, E., Brem, G, (1999a). Potential of fetal germ cells for nuclear transfer in cattle. Mol Reprod Dev 52, 421-426.

Zakhartchenko, V., Durcova-Hills, G., Stojkovic, M., Schernthaner, W., Prelle, K., Steinborn, R., Müller, M., Brem, G., Wolf, E. (1999b). Effects of serum starvation and re-cloning on the efficiency of nuclear transfer using bovine fetal fibroblasts. J Reprod Fertil 115, 325-331.

Zakhartchenko, V., Alberio, R., Stojkovic, M., Prelle, K., Schernthaner, W., Stojkovic, P., Wenigerkind, H., Wanke, R., Düchler, M., Steinborn, R., Müller, M., Brem, G., Wolf, E. (1999c). Adult cloning in cattle: potential of nuclei from a permanent cell line and from primary cultures. Mol Reprod Dev 54, 264-272.

Bieser, B., Stojkovic, M., Wolf, E., Meyer, H., Einspanier, R. (1998). Growth factors and components for extracellular proteolysis are differentially expressed during in vitro maturation of bovine cumulus-oocyte complexes. Biol Reprod 59, 801-806.

Brem, G. (1998). Tierzucht und Haustiergenetik im Kontext neuer wissenschaftlicher und gesellschaftlicher Herausforderungen. Arch. Tierzucht Dummerstorf 41, 519-532.

Durcova-Hills, G., Prelle, K., Müller, S., Stojkovic, M., Motlik, J., Wolf, E., and Brem, G. (1998). Primary Culture of porcine PGCs requires LIF and procine membrane-bound stem cell factor. Zygote 6, 271-275.

Durcova-Hills, G., Prelle, K., Müller, S., Wolf, E., and Brem, G. (1998). Short-term culture of porcine primordial germ cells. Theriogenology 49, 237.

Kölle S, Sinowatz F, Boie G, Palma G, Stojkovic M, Wolf E (1998) Topography of growth hormone receptor expression in the bovine embryo. Histochem Cell Biol 109, 417-419.

Laurincik, J., Hyttel, P., Baran, V., Eckert, J., Lucas-Hahn, A., Pivko, J., Niemann, H., Brem, G., and Schellander, K. (1998). A detailed analysis of pronucleus development in bovine zygotes *in vitro*: cell-cycle chronology and ultrastructure. Mol. Reprod. Dev. 50, 192-199.

Müller, M., and Brem, G. (1998). Klonen bei Mensch und Tier. J. Fertil. Reprod 4, 52-53.

Palma, G. A., Olivier, N., Alberio, R. H., and Brem, G. (1998). *In vitro* development and viability of bovine embryos produced without gassed incubator. Theriogenology 49, 213.

Reichenbach, H.-D., Schwartz, J., Wolf, E., and Brem, G. (1998). Effects of embyro developmental stage, quality and short-term culture on the efficiency of bovine embryo splitting. Theriogenology 49, 224.

Santl, B., Wenigerkind, H., Schernthaner, W., Mödl, J., Stojkovic, M., Prelle, K., Holtz, W., Brem, G. and Wolf, E. (1998). Comparison of ultrasound-guided follicle aspiration vs laparoscopic transvaginal ovum pick-up (OPU) in Simmental heifers. Theriogenology 50, 89-100.

Steinborn, R., Müller, M., and Brem, G. (1998). Genetic variation in functionally important domains of the bovine mtDNA control region. Biochim. Biophys. Acta 1397, 295-304.

Steinborn, R., Zakhartchenko, V., Jelyazkov, J., Klein, D., Wolf, E., Müller, M., and Brem, G. (1998). Composition of parental mitochondrial DNA in cloned bovine embryos. FEBS Lett. 426, 352-356.

Steinborn, R., Zakhartchenko, V., Wolf, E., Müller, M., and Brem, G. (1998). Non-balanced mix of mitochondrial DNA in cloned cattle produced by cytoplast-blastomere fusion. FEBS Lett. 426, 357-361.

Stojkovic, M., Büttner, M., Zakhartchenko, V., Brem, G., and Wolf, E. (1998). A reliable procedure for differential staining of *in vitro* produced bovine blastocysts: comparison of tissue culture medium 199 and Ménézo's B2 medium. Anim. Reprod. Sci. 50, 1-9.

Wolf, E., Boxhammer, K., Brem, G., Prelle, K., Reichenbach, H-D., Reischl, J., Santl, B., Schernthaner, W., Stojkovic, M., Wenigerkind, H., Zakhartchenko, V. (1998). Recent developments in the *in vitro* production and cloning of bovine embryos. Arq Fac Vet UFRGS 26 Supl, 160-178.

Wolf, E., Zakhartchenko, V., and Brem, G. (1998). Nuclear transfer in mammals: recent developments and future perspectives. J. Biotechnol 65, 99-110.

Zakhartchenko, V., Schernthaner, W., Stojkovic, M., Düchler, M., Bugingo, C., Wolf, E., and Brem, G. (1998). Cultured bovine mammary gland cells as donors for nuclear transfer. Theriogenology 49, 332.

Brem, G. (1997). Biotechnik und Züchtung. In: Tierzucht und Allgemeine Landwirtschaftslehre für Tiermediziner. (Ed. H. Kräußlich und G. Brem). Stuttgart, Enke Verlag. 251-279.

Brem, G. (1997). Erhaltungsprogramme und Anlage von Genreserven. In: Tierzucht und Allgemeine Landwirtschaftslehre für Tiermediziner. (Ed. H. Kräußlich und G. Brem). Stuttgart, Enke Verlag. 296-303.

Brem, G. (1997). "Klonen" - Möglichkeiten und Grenzen. In: Medizinisches Jahrbuch 1997, Verlag Dr. Peter Müller. 29-36.

Brem, G. (1997). -Klonieren und Klone- Chemie 4, 16-17.

Brem, G. (1997). Reproduktionstechnik. In: Tierzucht und Allgemeine Landwirtschaftslehre für Tiermediziner. (Ed. H. Kräußlich und G. Brem). Stuttgart, Enke Verlag. 110-144.

Kräußlich, H. und Brem, G. 1997. (Herausgeber und Coautoren): Tierzucht für Tiermediziner Enke Verlag Stuttgart, 596 S.

Laurincik, J., Hyttel, P. V., Baran, A., Lucas-Hahn, J., Eckert, J., Pivko, F., Schmoll and Schellander K.. (1997). Pronucleus development and organization of intranuclear Bodies during the first bovine embryonic cell cycle in vitro. Theriogenology 47, 236.

Palma, G. A., Müller, M. and Brem, G. (1997). Effect of insulin-like growth factor I (IGF-I) at high concentrations on blastocyst development on bovine embryos produced in vitro. J. Reprod. Fert. 110, 347-353.

Palma, G. A., Zakhartchenko, V. and Brem, G. (1997). Effect of granulosa cell co-culture in different embryonic stages on the development of in vitro-produced bovine embryos. Theriogenology 47, 282.

Reichenbach, H. D., Zakhartchenko, V., Schwartz, J., Röhrmoser, G., Gottschalk. A., Wolf, E., Kräußlich H. and G. Brem. (1997). Aktueller Stand der Klonierungsarbeiten beim Nutztier. Gruber Info 4, 1-12.

Stojkovic, M., Wolf, E., Van Langendonckt, A., Vansteenbrugge, A., Charpigny, G., Reinaud, P., Gandolfi, F., Brevini, T. A. L., Mermillod, P., Terqu, M., Brem G. and Massip A. (1997). Correlations between chemical parameters, mitogenic activity, and embryotrophic activity of bovine oviduct-conditioned medium. Theriogenology 48, 659-673.

Stojkovic, M., Zakhartchenko, V., Brem, G. and Wolf, E. (1997). Parthenogenetic development of bovine oocytes activated by different methods. Theriogenology 47, 212.

Stojkovic, M., Zakhartchenko, V., Brem, G. and Wolf, E. (1997). Support for the development of bovine embryos in vitro by secretions of bovine trophoblastic vesicles derived in vitro. J. Reprod. Fertil. 111, 191-196.

Wolf, E., Stojkovic, M., Wenigerkind, H., Santl, B., Prelle, K., Reichenbach, H.D., Zakhartchenko, V., Schernthaner, W., Palma, G.A., Brem, G. (1997). Some factors affecting the efficiency of *in vitro* production of bovine embryos and related techniques. In: Li N, Chen Y (eds): Proceedings of International Conference on Animal Biotechnology. Beijing: International Academic Publishers, pp 285-291.

Zakhartchenko, V., Stojkovic, M., Brem G. and Wolf E. (1997). Karyoplast-Cytoplast volume ratio in bovine nuclear transfer embryos: Effect on the developmental potential. Mol. Reprod. Dev. 48, 332-338.

Zakhartchenko, V., Stojkovic, M., Palma, G., Wolf, E. and Brem, G. (1997). Enucleation of bovine oocytes with minimal cytoplasmic volume: Effect on development of nuclear transfer embryos. Theriogenology 47, 238.

Clement-Sengewald, A., Schütze, K., Ashkin, A., Palma, G., Kerlen, G. and Brem, G. (1996). Fertilization of bovine Oocytes Induced Solely with Combined Laser Microbeam and Optical Tweezers. J. Assist. Reprod. Gen. 13, 259-265.

Lopez Ruiz, L., Alvarez, N., Nunez, I., Montes, I., Solano, R., Fuentes, D., Pedroso, R., Palma, G. A. and Brem, G. (1996). Effect of body condition on the developmental competence of IVM/IVF bovine oocytes. Theriogenology 45, 292.

Mödl, J., Palma, G. A. and Brem, G. (1996). Exposure of *in vitro* produced bovine embryos to trypsin does not decrease embryonic development. Theriogenology 45, 222.

Mödl J, Reichenbach, H-D., Wolf, E., Brem, G. (1996). Development of frozen-thawed porcine blastocysts *in vitro* and in vivo. Vet Rec 139, 208-210.

Palma, G., Braun, J., Stolla, R. and Brem, G. (1996). The ability to produce embryos *in vitro* using semen from bulls with a low non-return rate. Theriogenology 45, 308.

Reichenbach, H.-D., Liebrich, J. and Brem, G. (1996). Einfluß einer §-Carotinsupplementierung der Ration von Empfängertieren auf die Graviditätsergebnisse und die Embryonenmortalitätsrate nach †bertragung *in vitro* produzierter Rinderembryonen. Z. Ernährungswiss. 35, 97-98.

Riedl, J., Zakhartchenko, V. and Wolf, E. (1996). Effect of embryo development stage and quality on the efficiency of *in vitro* produced bovine embryo splitting. Theriogenology 45, 221.

Van Langendonckt, A., Vansteenbrugge, A., Donnay, I., Van-Soom, A., Berg, U., Semple, E., Grisart, B., Mermillod, P., Brem, G., Massip, A. and Dessy F. (1996). Three year results of *in vitro* production of bovine embryos in serum-poor bovine oviduct conditioned medium. An overview. Reprod. Nurt. Dev. 36, 493-502.

Zakhartchenko, V., Palma, G., Wolf E., and Brem, G. (1996). Blastocysts as donors for nuclear transfer in cattle. Theriogenology 45, 282.
Zakhartchenko, V., Reichenbach, H-D., Riedl, J., Palma, G. A., Wolf, E. and Brem, G. (1996). Nuclear Transfer in Cattle Using in vivo-Derived vs. *In vitro*-Produced Donor Embryos: Effect of Developmental Stage. Mol. Reprod. Devel. 44, 493-498.

Brem, G. (1995). Biotechniken: Innovation auf allen Ebenen. Zuchtwahl und Besamung 132, 43-45.

Brem, G., Reichenbach, H. D., Wiebke, N., Wenigerkind, H. and Palma G. (1995). *In vitro* Produktion und züchterische Einsatzmöglichkeiten von Rinderembryonen aus wiederholter transvaginal-endoskopisch geführter *ex vivo* Follikelpunktion (OVP). Züchtungskunde 67, 4-14.

Palma, G. A. and Brem, G. (1995). Effect of growth factors IGFI, TGF- EGF and PDGF on development of *in vitro* produced bovine blastocysts. Theriogenology 43, 291.

Stojkovic, M., Wolf, E., Büttner, M., Berg, U., Charpigny, G., Schmitt, A. and Brem, G. (1995). Secretion of biologically active Interferon tau by *in vitro* derived bovine trophoblastic tissue. Biol. Reprod. 53, 1500-1507.

Zacharchenko, V., Palma, G. and Brem, G. (1995). Long-term culture of cloned bovine embryos for evaluation of their developmental potential. Theriogenology 43, 364.

Zacharchenko, V., Wolf, E., Palma, G. A. and Brem, G. (1995). Effect of Donor Embryo Cell Number and Cell Size on the Efficiency of Bovine Embryo Cloning. Mol. Repr. Dev. 42, 53-57.

Zinovieva, N., Palma, G., Müller, M. and Brem, G. (1995). A rapid sex determination test for bovine blastomeres using allel-specific PCR primers and capillary PCR. Theriogenology 43, 365.

Brem, G. (1994). Chancen und Risiken der Biotechnik in der Tierproduktion. Steirischer Tiergesundheitsdienst 209-218.

Horlacher, W. and Brem, G. (1994). Comparison of 3 different vitrification methods for cryopreserving mouse embryos. Theriogenology 41, 218.

Reichenbach, H. D., Wiebke, N. H., Mödl, J., Zhu, J. and Brem G. (1994). Laparascopy through the vaginal fornix of follicular oocytes. Vet. Rec. 135, 353-356.

Reichenbach, H. D., Wiebke, N. H., Wenigerkind, H., Mödl, J. and Brem, G. (1994). Bovine Follicular oocytes collected by laparoscopic guided transvaginal aspiration. Theriogenology 41, 283.

Stojkovic, M., Büttner, M., Wolf, E., Berg, U., Charpigny, G. and Brem, G. (1994). Completely *in vitro* produced bovine trophoblastic vesicles synthesize biologically active interferon. J. Reprod. Fert. 13, 43.

Berg, U., Reichenbach, H. D., Baumgartner, C., Kräußlich, H. and Brem, G. (1993). *In-vitro* Produktion von Rinderembryonen im Rahmen von Programmen zur Anlage von Genomreserven am Beispiel Murnau-Werdenfelser. Tierärztl. Umschau 48, 158-161.

Clement-Sengewald, A., Palma, G. A., Reichenbach, H. D., Besenfelder, U. and Brem, G. (1993). Development and status of cattle embryo cloning in Germany. Reprod. Dom. Anim. 28, 399-405.

Clement-Sengewald, A., Schütze, K., Heinze, A., Palma, G. A., Pösl, H. and Brem, G. (1993). Laser assisted cell fusion and cytoplast transfer in early mammalian embryos.Ó SPIE 76, 187-194.

Reichenbach, H. D., Wiebke, N. H., Besenfelder, U., Mödl, J.and Brem, G. (1993). Transvaginal laparoscopic guided aspiration of bovine follicular oocytes: preliminary results. Theriogenology 39, 295.

Berg, U., Reichenbach, H.-D., Liebrich, J. and Brem, G. (1992). Sex ratio of calves born after transfer of *in vitro* produced embryos. Theriogenology 36, 213.

Brem, G. (1992). Neue Wege zur Tiergesundheit - Stand der Biotechnik. Züchtungskunde 64, 411-422.

Brem, G., Reichenbach, H.-D. and Berg, U. (1992). Verfahren der *in vitro* Produktion von Rinderembryonen und deren Einsatzmöglichkeiten. Wien. Tierärztl. Mschr. 79, 370-381.

Clement-Sengewald, A. and Brem, G. (1992). Zur Embryokonierung von Nutztieren. Berl. Münch. Tierärztl. Wschr. 105, 15-21.

Clement-Sengewald, A., Palma, G. A., Berg and, U., Brem, G. (1992). Comparison between *in vitro* produced and in vivo flushed donor embryos for cloning experiments in cattle. Theriogenology 37, 196.

Liebrich, J., Reichenbach, H. D., Berg and U., Brem, G. (1992). Pregnancy and twinning rates after unilateral and bilateral transfer of *in vitro* produced bovine embryos to recipients. Reprod. Dom. Anim. 27, 63-64.

Palma, G. A., Clement-Sengewald, A., Berg and U., Brem, G. (1992). Role of the embryo number in the development of *in-vitro* produced bovine embryos. Theriogenology 37, 271.

Reichenbach, H.-D., Liebrich, J., Berg, U. and Brem, G. (1992). Pregnancy rates and births after unilateral or bilateral transfer of bovine embryos produced *in vitro*. J. Reprod. Fert. 95, 363-370.

Reichenbach, H. D., Liebrich, J., Berg, U. and Brem, G. (1992). Pregnancies following transfer of frozen-thawed *in vitro* matured, fertilized and cultured bovine embryos. Reprod. Dom. Anim. 27, 59-60.

Berg, U. and Brem, G. (1991). *In-vitro*-Embryoproduktion aus Oozyten von Ovarien einzelner geschlachteter Kühe. Dtsch.Tierärztl Wsch. 98, 89-91.

Berg, U. and Brem, G. (1991). Möglichkeiten der *in vitro* Erstellung von Rinderembryonen. Fortschritte in der Tierzüchtung. H. G. Brem. Stuttgart, Symposium zu Ehren von Professor Kräußlich. Ulmer. 327-343.

Brem, G. (1991). Reproduktionstechniken in der Tierzuchtforschung des Institutes für Tierzucht München. Fortschritte in der Tierzüchtung. H. G. Brem. Stuttgart, Symposium zu Ehren von Professor Kräußlich. Ulmer. 129-151.

Brem, G., Berg, U. and Reichenbach, H.-D. (1991). Kälber aus dem Labor. DLG-Mitteilungen 106, 20-21.

Brem, G., Kräußlich, H. und Stranzinger G. (1991). Experimentelle Genetik in der Tierzucht; Grundlagen für spezielle Verfahren in der Biotechnik. Ulmer Verlag, Stuttgart-Hohenheim, 283 S.

Clement-Sengewald, A. and Brem, G. (1991). Die Klonierung von Rinderembryonen - Eine neue Züchtungstechnik. Fortschritte in der Tierzüchtung. H. G. Brem. Stuttgart, Symposium zu Ehren von Professor Kräußlich. Ulmer. 353-367.

Clement-Sengewald, A. and Brem, G. (1991). Möglichkeiten der Biotechnologie in der Tierzucht aus Sicht der Wissenschaft. Bonner Gespräche zur Biotechnologie 1990: Biotechnologie in der Tierproduktion, Möglichkeiten und Konsequenzen, VDL-Schriftenreihe. 17, 74-84.

Lange, H., Wilke, G. and Brem, G. (1991). Embryoteilung der ET-Praxis der Osnabrücker Herdbuchgenossenschaft. Fortschritte in der Tierzüchtung. H. G. Brem. Stuttgart, Symposium zu Ehren von Professor Kräu§lich. Ulmer. 369-379.

Palma, G., Alberio, R. and Brem, G. (1991). Moderne Reproduktionstechniken in der extensiven Tierhaltung in Argentinien. Fortschritte in der Tierzüchtung. H. G. Brem. Stuttgart, Symposium zu Ehren von Professor Kräu§lich. Ulmer. 381-409.

Reichenbach, H.-D., Liebrich, J., Berg and U., Brem, G. (1991). Weiterentwicklungsraten nach Transfer von *in vitro* produzierten Embryonen beim Rind. Fortschritte in der Tierzüchtung. H. G. Brem. Stuttgart, Symposium zu Ehren von Professor Kräußlich. Ulmer. 345-352.

Berg, U. and Brem, G. (1990). Developmental rates of *in vitro* produced IVM-IVF bovine oocytes in different cell co-culture systems. Theriogenology 33, 195.

Clement-Sengewald, A. and Brem, G. (1990). Development to term of fused and partially enucleated mouse two-cell embryos. Reprod. Dom. Anim. 25, 14-21.

Leichthammer, F., Baunack, E. and Brem, G. (1990). Behaviour of living primordial germ cells of livestock *in vitro*. Theriogenology 33, 1221-1230.

Leichthammer, F. and Brem, G. (1990). *In vitro* culture and cryopreservation of farm animals primordial germ cells. Theriogenology 33, 272.

Berg, U. and Brem, G. (1989). *In vitro* production of bovine blastocysts by *in vitro* maturation and fertilization of oocytes and subsequent *in vitro* culture. Reprod. Dom. Anim 24, 134-139.

Tabellen- und Abbildungsverzeichnis